KB244604

흙이 죽어가고 있다

흙이 죽어가고 있다

흙이 죽어가고 있다

최 정 지음

혜안

서 문

글이란 쓰려고 작심할 때까지는 환상에 젖기도 하지만, 막상 써놓고 보면 그것을 후회하도록 하는 속성을 지닌 것 같다. 그래서 글을 쓰기가 두려웠고 책을 내는 사람들의 용기가 부러웠다.

그래서 한 줄의 글이라도 쓸 때면 목욕재계하는 마음으로 먼저 마음을 씻었다. 그렇게 하고 나면 글로 인하여 칭찬을 받고 싶은 욕심이나, 질책을 받지나 않을까 하는 사심(邪心)에서 해방되어 글만 쓰게 된다.

30여 년 간 교단에서, 또는 모임에서 흙에 대한 얘기를 수없이 해왔으나 그 때마다 메아리 없이 끝난 혼자만의 독백을 후회하고, 좀더 쉽게 설명 못한 것을 아쉬워했다. 그것이 계기가 되어 여러 일간지에 기회만 있으면 기고하여 흙사랑을 강조해 왔다.

『흙이 죽어가고 있다』는 영남일보에 연재한 과학칼럼을 중심으로 기회가 있을 때마다 일간지에 실었던 흙에 대한 얘기와 환경오염을 경계하는 글들을 모아 한 권의 책으로 엮어 놓은 것이다.

그렇기에 시대상과 가치관이 달라진 부분도 없지 않으며, 난삽하고 중언부언한 내용이 곳곳에 들어 있어 독자들의 공감을 얻기보다 심기를 불편하게 할 것만 같아 심히 두렵다.

이 책은 토양에 대한 전문서가 아니고, 토양에 대한 상식의 폭을 넓혀 주는 안내서에 불과하다. 생명의 근원이며, 생물의 삶터이고 나아가 영원한 안식처인 토양에 보다 쉽게 접근하여 그것을 이해할 수 있도록 유도하려고 노력했다. 나아가 인류의 식량창고인 토양을 오염시키지 말고 깨끗하게 보존하여, 후손들에게 고스란히 물려 주어야 할 가장 귀중한 자원임을 인식케 하는 길잡이가 되게끔 배려했다.

책이 나올 수 있도록 물심양면으로 정성을 쏟으신 혜안출판사 오일주 사장님을 비롯한 임직원 여러분께 감사드리며, 원고 정리와 사진 수집을 위해 동분서주한 토정회(土淨會) 회원들의 노고에 고마움을 느낀다. 또한 원고 수정과 편집을 위해 날밤을 새운 사랑하는 아내 권희경(權熹耕) 교수의 정성과 가족들의 격려에 감사하며, 두 돌 지난 준호(駿鎬)가 할머니 할아버지와 놀지도 못하고 길고 긴 하루해를 혼자서 잘도 참고 견뎌준 협조에도 감사한다.

흙이 죽어가고 있다
차 례

제2부 흙과 함께 성장해온 인간문화

제1부 흙이 죽어가고 있다

1
흙과 생명

생명의 근원

불가(佛家)에서는 "모든 생물은 흙에서 태어나서 흙으로 돌아간다"고 말한다. 또한 구약성서 창세기 편에는 "하나님이 6일 동안에 천지와 만물을 이루시고 난 후 주인이 될 인간을 하나님의 형상을 따라 흙으로 지으셨다"고 기록되어 있다.

이와 같이 생명은 신의 전유물(專有物)이었고, 신의 영역을 벗어난 생명의 창조는 불경스러운 것으로 되어 왔다. 그런데도 인간은 생명의 근원을 찾아내고자 부단히 신의 영역에 도전장을 보냈다. 과연 생명은 흙에서 시작된 것일까? 이 질문은 오래 전부터 있어 왔으며, 그 해답을 구하기 위하여 수많은 학자들이 고심하고 노력해 왔다.

물·불·흙·공기의 4원소설을 제창한 그리스의 철학자 탈레스는 "열(熱)의 영향을 받아서 흙에서 생명이 태어났다"고 강의했으며, 아리스토텔레스 같은 대학자도 자연발생설을 발표하여 흙에서 생명이 탄생하는 것이 과학적 사실이라고까지 말했다.

현재의 최첨단 과학기술을 모두 동원하여도 아직까지 생명의 기원에 대한 신비를 명확하게 규명하지 못하고 있다. 그러나 이러한 문제는 원래 과학적인 논리보다는 오히려 원천적인 감성(感性)을 통해 보다 선명히 그 해답에 접근할 수가 있을 것이다.

어린 아이와 노인의 행동에서 우리는 생명이 흙에서 기원했다는 사실을 더욱 쉽게 추리할 수가 있을 것이다. 아이들은 흙을 좋아한다. 어린이 놀이터의 시설이 아무리 훌륭하고 새로워도 아이들은 금방 지치고 싫증을 내지만, 하찮은 모래더미에서 하는 흙장난만은 때와 성별을 가리지 않고 좋아한다. 야구공이나 컴퓨터가 없어도 조그마한 모래더미와 빗물 고인 작은 웅덩이만으로도 아이들은 꿈을 키우며 건강하게 자랄 수 있는 것이다.

또한 아이들 못지않게 노인들 역시 흙을 좋아한다. 젊은 날에는 손에 흙이 묻을까 두려워하던 사람들도 나이가 들어 초로(初老)에 접어들게 되면 흙을 밟고 밭이라도 가꾸는 일을 좋아하게 된다.

아이들은 토양이라는 원초적인 모태에서 태어난 지 얼마 되지 않았기 때문에 흙냄새가 아직도 어머니의 체취이며, 흙더미는 어머니의 품과 같이 느껴진 것이리라. 그렇기 때문에 흙과 더불어 있는 시간은 가장 안전하고 편안하며 즐거운 시간일 수밖에 없지 않겠는가?

한편 흙이라고 하는 고향으로 돌아가야 할 날이 얼마 남지 않은 노인들은 어떤가? 태어난 곳으로 회귀하는 연어처럼 젊은 시절을 흙과 떨어져 지내다가 이제 귀의(歸依)해야 할 때가 되었음을 직감하고 흙

아이들 못지않게 노인들 역시 흙을 좋아한다. 젊은 날에는 손에 흙이 묻을까 두려워하던 사람들도 나이가 들어 초로(初老)에 접어들게 되면 흙을 밟고 밭이라도 가꾸는 일을 좋아하게 된다.

과 친밀해지는 것이리라.

이와 같이 우리 생명의 모태이며 영원한 안식처인 토양은 과연 어떻게 생겨나서 발달했으며 또한 어떻게 생명을 잉태케 되었을까?

용암이 식어 굳어진 화성암(火成岩) 덩어리인 지구. 그 껍질이 수천만 년의 풍상을 견디면서 점차 부서져서 작은 입자가 되고 이들은 바람과 물에 실려 멀리 이동하게 된다. 이 멀고 먼 여행에서 굵고 무거운 입자는 해안 가까운 곳에 쌓이고, 작고 가벼운 입자는 더 멀리까지 떠내려가 결국엔 침전하여 퇴적된다.

이와 같이 계속 쌓인 알맹이들은 굳어져서 다시 암석이 되고, 이러한 암석은 곳에 따라서는 지각의 융기작용으로 불쑥 높이 솟아 산이 된다. 이렇게 암석이 깨어져 토양이 되고, 이 토양이 이동하여 쌓이고 굳어져 다시 암석이 되며, 또 한 번 토양으로 풍화되는 이러한 순환

속에서 토양으로 존재하는 동안 토양은 생명을 잉태하여 보전하게 된다.

태초에 생겨났던 생명의 기원(起源) 물질들은 그 양이 너무나 적어서 서로서로 반응할 수 없을 정도로 묽은 상태였다. 그러나 이들은 토양 속에 들어있는 가장 작은 알맹이인 점토의 표면에 흡착되어 농도가 점차 짙어지게 된다.

점토 표면에 농축된 물질은 번개나 지온(地溫)의 열을 받아 최초의 간단한 유기화합물을 형성하게 된다.

유기화합물은 아주 간단하지만 그 분자 속에는 생명에 필수요소가 되는 탄소(C), 질소(N), 산소(O) 및 수소(H) 원소들이 모두 갖추어져 있다. 이 유기물들은 서로서로 얽히고 중합(重合)되어 더욱 큰 분자의 물질로 합성된다. 이와 같은 물질이 생명의 기원으로 발전했을 것이라고 추론되고 있다.

이처럼 우리의 생명을 잉태시키고 그것을 유지시켜 발전케 한 토양! 우리는 이 토양을 생명이 없는 단순한 무기물이 아니라 살아 숨쉬는 바로 우리 자신이라는 생각을 잠시라도 버려서는 안 될 것이다. 그렇기 때문에 그 어떤 명분으로도 흙을 훼손시키거나 오염시킬 권리 또한 우리에게는 없는 것이다.

"너희는 흙이니 흙으로 돌아갈 것이니라."

구약성서의 이 말씀처럼 토양으로 돌아가야만 될 회귀의무의 숙명을 따르기 위해서도 우리의 영원한 안식처인 토양을 깨끗하게 지켜야 할 것이다.

지구의 종말을 부를 토양오염

끝간 데를 가늠할 수 없는 광대무변(廣大無邊)한 우주공간에 헤아
릴 수 없이 많은 별들이 존재하고 있지만 지구 이외의 별에서 생명체
를 발견했다는 뉴스를 들을 수는 없었다.

지구촌 밖에서 행여 생명체를 발견할 수 있을까 하는 기대감으로
인공위성을 띄워 보내기도 했고, 지구의 '메시지'를 우주로 쉴새없이
날려 보내기도 했지만 이렇다 할 응답을 외계로부터 받은 적이 없다.
결국 현재로서는 생명체를 가진 별은 지구뿐인 것으로 증명된 셈이
다.

대기권을 벗어난 우주비행사가 달 너머로 떠오르는 지구를 보고
"보석같이 빛나는 초록의 별"이라고 탄성을 질렀다는 생명의 별! 정
녕 이 아름다운 별은 우주비행사가 말한 것처럼 아름답기만 한 것일
까. 이 질문에 우리의 가슴은 답답해진다. 지금 그 아름답던 '초록의
별'은 인간에 의해 구석구석 오염되어 병들어 가고 있기 때문이다.

환경오염! 그것이 바로 지구에 대한 최후의 심판이 아니겠느냐는
소리마저 나올 만큼 '초록의 별'은 병들어 죽어가고 있다. 우리 나라
에서는 70년대까지만 해도 환경오염은 '길 건너 남의 집 불'이었다.
그러던 것이 80년대에는 '대기오염'이다, '수질오염'이다 하고 걱정하
게끔 되었으며, 90년대로 접어들면서는 '토양오염'마저 두려워하게
되었다.

대기가 오염되고 물이 오염된 연후에 토양이 오염된다. 그런 만큼
'토양오염'이란 환경을 지켜줄 마지막 보루가 무너져 가고 있다는 것
을 의미한다.

대기가 오염되면 숨이 답답해지고, 머리가 아파오며 흰옷이 빨리

토양이 오염되었다는 사실은 극단적으로 말하면 생명의 종말을 의미하게 되는 것이다.

검어지는 등 그 증상을 쉽게 느낄 수 있다. 수질오염 역시 물고기가 죽거나, 물의 냄새와 색이 변하기 때문에 그 위기감을 금방 알아차릴 수 있다.

그러나 토양의 오염은 경우가 다르다. 토양은 그것이 아주 못 쓰게 되기 전까지는 오염되었다는 사실조차 알기 어렵다는 것이 특징이다. 오염 상태를 직접 피부로 느낄 수 없기 때문에 오염된 토양에서 자란 식물을 섭취한 동물에게 이상이 일어나거나 인간에게 직접 그 피해 증상이 나타날 때에야 비로소 토양의 오염을 의심이나마 하게 된다.

또한 토양은 그것이 한 번 오염되고 나면 다시 본래의 깨끗한 토양으로 환원시키기가 지극히 어렵다는 점에서 대기오염이나 수질오염보다 무섭고 위태롭다. 그렇기 때문에 토양이 오염되었다는 사실은 극단적으로 말하면 생명의 종말을 의미하게 되는 것이다.

우리의 생명을 탄생시킨 모태. 그것이 바로 토양이란 것은 누구도 부인하지 못할 것이다. 그 속에서 우리의 생명이 태어나왔고 앞으로도 그것 안에서 우리의 삶을 유지시킬 수밖에 없는 토양, 그래서 토양을 오염시키는 일은 인류를 죽음으로 몰고가는 행위이며, 더 나아가서는 죄 없는 다른 생명체들마저 살해하는 일이 되는 것이다. 그러나 우리는 과연 이 일에 대해 얼마만큼 심각하게 생각하고 있을까? 아니 토양 그 자체에 대해서 한 번이라도 심각하게 생각해 본 적이 있었던가?

관념상으로는 누구나 토양의 고마움을 안다고 한다. 그것은 인류의 시작과 더불어 의식주는 물론 생활에 필요한 모든 것을 토양에서 구해 왔고 앞으로도 그렇게 할 수밖에 없기 때문일 것이다.

그러나 진정 우리는 토양에 대해 그렇게 고마워하고 있는가? 토양이란 단어에 대하여 깊이 생각하지도 않으면서 쉽게 찬사를 보낸다. 그러나 막상 토양을 대할 때면 더럽고 하찮은 것으로 치부하고마는 우리의 간사함을 속절없는 인간적인 비극이라고만 할 것인지…….

토양에 대한 인간의 짓거리는 금수보다 못하다. 아니 그보다 식물만도 못하다. 동물과 식물은 그래도 토양과 공생할 줄 안다. 식물은 토양으로부터 자양분을 얻어내는 대가로 지온(地溫)을 조절해 주기도 하고, 토양의 유실을 막아 주기도 하며 토양 속의 양분을 고르게 유지하도록 도와 주기도 한다. 이러한 공생관계는 동물도 마찬가지다. 토양이 키워서 생산해 주는 식물을 먹이로 얻는 대신 토양에 비료를 공급해 주기도 하고, 굴을 파면서 토양을 고르게 섞어 주기도 한다.

그렇다면 인간은 어떠한가? 토양에 기생하여 온갖 필요한 것을 악칙같이 훑어가면서 그것도 모자라는지 토양을 괴롭히는 게 인간이다. 먹이를 얻어내는 것은 물론 토양 속에 들어 있는 모든 것을 얄팍한

지혜로 긁어내어 마음대로 이용하고는 못 쓰게 된 독성의 찌꺼기를 주저하지 않고 토양의 얼굴에 마구 던져버리는 망나니가 바로 인간인 것이다. 그런데도 불구하고 토양은 인간이 버리는 모든 독성분을 묵묵히 걸러주며 너그럽게 인간을 포용해 왔다.

우람하고 딱딱한 바윗덩어리가 수천만 년의 길고도 긴 풍상에 시달리면서 깎이고 터져서 가까스로 생겨난 잘고 부드러운 물질-. 토양은 그러한 운명을 지니고 태어난 자신을 인간에게 아무런 저항도 없이 그대로 내맡긴 채, 생명체를 탄생시키고 그것을 유지하는 사명을 잠시도 저버리지 않고 끊임없이 활동하며 살아 움직여 왔다.

그러나 끝이 보이지 않는 인간의 욕망은 결국 토양을 병들게 했고, 그 때문에 토양은 더 이상 인간의 숙주 노릇을 하기 힘든 지경에까지 이른 것이다. 어디 그뿐이던가. 시멘트나 콘크리트로 마구 그 표면을 처발라 토양을 질식시키는 고문도 서슴지 않고 행하고 있다.

기생물(寄生物)은 숙주가 없어지면 따라서 멸망하게 마련인 것. 토양을 재생 불능토록 파괴한다면 우리의 생명 역시 거기에서 끝장이 날 것이다. 아득한 태초로부터 살아왔고 또한 자손만대를 이어가며 계속 살아가야 할 토양을 조그마한 이득 앞에 병들어 죽도록까지 해도 될 것인지ㅡ.

오염을 느낄 때는 벌써 늦었다고들 하지만 지금이라도 토양오염의 심각성을 깨닫고 그 퇴치에 나서야 할 것이다. 늦었다고 느끼는 그 순간이 그래도 가장 빠른 시점인 것을 우리는 분명히 알고 있기 때문이다.

중금속의 오염

어릴 때부터 '우리 나라는 금수강산'이라고 배워왔다. 정녕 아름다운 산과 맑은 강물은 천혜(天惠)의 자랑이라고 여겼다. 유럽의 여러 나라를 두루두루 돌아볼 기회가 있었다. 유럽의 산들은 아직 젊은 산들이라 그런지 풍꼉이 수려하였다. 물은 깨끗하고 맑아 보였지민, 밋이 형편 없었다. 마실 물은 물론 목욕이나 빨래하기에도 적당치 못했다.

우리 나라처럼 산천이 모두 수려한 나라는 정녕 드물 것이라고 결론지을 수 있었다. 그런데 언제부터인가 우리의 자랑이던 금수강산은 전설 속의 옛이야기가 되어 버렸다.

60년대까지만 해도 금호강에서 조개도 줍고 미역도 감았다. 그처럼 맑고 깨끗했넌 금호강이 이제는 썩고 병들어 죽어버린 상이 되었다. 그보다 영남의 젖줄 역할을 하던 강에는 독물이 흘러서 오히려

개발과 공업화의 이름으로, 또한 쓰레기더미로 말미암아 토양이 죽어가고 있다.

우리의 생명마저 위협하는 강으로 변하고 말았다.

한때 우리의 지도자들은 '공짜라면 양잿물도 큰 것을 먹는다'는 사상을 가진 채, '잘 살아보자'는 구호를 내걸고 가난을 벗는 데만 안간힘을 기울였다. 그 시절에는 '배가 고파 죽을 지경인데 오염 걱정할 형편인가, 또 공해가 무섭다는 배부른 소리는 집어치워!' 하는 배짱(?)을 통치이념으로 가졌던 것 같다.

그렇기 때문에 모든 국가가 기피하는 선진국의 공해산업을 우리나라에 유치하고 그것이 업적인 양 크게 자랑까지 하였다. 그 결과, 80년대로 접어들면서 환경오염이 사회적인 걱정거리로 대두되더니, 급기야는 중금속에 의한 공해병이 신문과 방송에서 터져나오기 시작했다. 대단위 공업단지 주변의 강과 바다에서 물고기가 떼죽음을 당하는가 하면 논밭의 농작물이 말라 죽기까지 했다.

요즈음처럼 모든 것이 급하게 변하는 때도 없을 것이다. 이러한 시대의 30년이라면 결코 소홀히 넘길 짧은 세월은 분명 아니다. 일본에서 '이타이 이타이' 병과 '미나마타(水俣)' 병이 공해병으로 인정되던 그 때부터라도 우리는 일본의 중공정책(重工政策)을 타산지석으로 삼아 우리의 산업을 육성·발전시켰어야 했다. 그랬더라면 오늘날 우리의 환경이 이처럼 오염되지는 않았을 것이다.

그렇다면 공해병의 원인인 중금속은 어떠한 것이며 이들에 의해 토양이 오염되면 과연 무엇이 문제인가? 중금속(重金屬)이란 한자의 뜻과 같이 금속 중에서도 비중이 큰 금속, 즉 무거운 금속을 가리킨다. 금·은·백금도 무거운 금속임에는 틀림이 없지만 이들은 중금속이라기보다 귀금속이라고 한다. 주로 공해를 일으키는 데 많이 관여하는 중금속으로는 카드뮴·수은·납·크롬 등이 자주 들먹여진다.

금속이 단백질과 만나서 결합하게 되면 단백질이 응고되어 굳어

모든 국가가 기피하는 선진국의 공해산업을 우리나라에 유치하고 그것이 업적인 양 크게 자랑까지 하였다. 그 결과, 80년대로 접어들면서 환경오염이 사회적인 걱정거리로 대두되더니, 급기야는 중금속에 의한 공해병이 신문과 방송에서 터져나오기 시작했다. 대단위 공업단지 주변의 강과 바다에서 물고기가 떼죽음을 당하는가 하면 논밭의 농작물이 말라 죽기까지 했다.

버리게 된다. 이러한 원리를 일상 생활에 유용하게 잘 이용한 예도 적지 않다. 콩물[효乳]에다 간수(마그네슘)를 넣으면 콩의 단백질이 응고되어 두부가 된다.

또 우리는 상처가 나면 상처 부위에 '머큐로크롬'이라는 빨간색 약물을 발라 살균을 한다. 이 약에는 수은이 들어 있다. 이 수은이 상처 부위에 침입한 병원균과 접촉하면 병원균이 굳어져 죽게 된다. 병원균체는 거의 단백질로 되어 있기 때문에 중금속인 수은과 접촉하여 응고되기 때문이다.

그러나 한편 중금속과 단백질이 결합하여 응고하는 성질 때문에 공해병이 유발되기도 한다. 중금속으로 오염된 토양에 서식하는 농작물과 가축이나 어패류를 섭취함으로써 우리 몸 속에 중금속이 들어오게 된다.

이와 같이 우리의 체내에 들어온 중금속은 단백질로 구성되어 있는 체내의 신진대사를 조절하는 효소와 결합하여, 이들 효소를 응고 시킴으로써 신진대사를 저해하거나 정지시킨다. 그 중 신경세포를 연 결하는 효소와 작용하면 그 증상은 더욱 두드러지게 나타난다.

신경은 전깃줄처럼 한 가닥으로 연결되어 있는 것이 아니고, 신경 세포와 세포 사이가 약간씩 떨어져 있다. 그 사이를 강을 건너는 나 룻배처럼 효소가 오가면서 두 세포 사이에 의사를 전달한다. 그런데 이 효소가 중금속과 결합하여 응고되면 신경세포 사이를 효소가 재 빨리 왕래하지 못하거나 정지되므로 의사 전달이 늦어지거나 연락이 두절된다.

돌이 멀리서 날아오면 그 현상을 눈으로 확인하고 즉각 뇌에 보고 한다. 뇌에서는 다시 그 돌을 피하라는 지시를 신체 각 부분에 하달 한다. 그런데 신경세포 사이를 연결하는 효소가 굳어져 움직임이 둔 해지면 지시 전달이 늦어져 재빨리 피할 수가 없게 된다. 그렇게 되 면 돌에 맞은 후에야 피하라는 지시가 전달되기 때문에 그 때 가서 피하는 시늉을 늦게야 하게 된다. 그러므로 중금속을 많이 섭취하여 중독이 된 가장 뚜렷한 증상은 반사행동이 둔해져 자극에 대해 아주 느리게 대응하는 행동이다.

이와 같은 중금속에 의한 공해병은 불가항력으로 생기는 천재지변 이 아니고 산업폐수를 마구 버린 인간에 의한 재난인 인재(人災)인 것이다. 자기 산업체의 조그마한 이익을 위해서, 또한 잘못인 줄 번연 히 알면서도 자신이 해고당할까봐 두려워서 정화하지 않은 폐수를 방류하였기 때문에 공해병이라는 불치의 병이 생기는 것이다.

불가(佛家)에서는 사람이 죽어 저승에 가면 야차(夜叉)들이 덤벼들 어 자신이 평소 낭비한 물을 그내로 모아 두었다가 강세로 전부 마시 도록 한다고 이른다. 아무리 값싸고 흔한 물이라도 아껴 쓰라는 교훈

이 담긴 이야기라고 여겨지지만, 오늘을 살아가는 우리에게 좋은 삶의 지표가 될 가르침임에 틀림이 없다.

오염된 폐수를 함부로 버린 자는 저승에 가서 자신이 버린 그 폐수를 모두 마셔야 한다는 정신으로 물관리를 한다면 공해병이란 단어가 이 지상에서 사라질 것이다.

골병(骨病)

지금 와서 되새겨 보아도 정말 낯이 뜨겁도록 부끄러운 일이다. 그래도 그런 일이 우리 땅에서는 아무런 거리낌이 없는 듯이 일어나고 있었다.

70년대 초반에 일본 땅에서는 일본의 대학생들이 우리 나라에서 일어난 일을 핑계 삼아 두 번씩이나 대규모의 '데모'를 했다. 하나는 한국의 섬유산업의 사업주가 고용인의 노임을 착취하는 행위를 중지하라는 것이었다. 당시만 하여도 적은 노임을 이용하여 저가품(低價品) 의류를 많이 수출할 수 있었던 것은 사실이다.

또 다른 하나는 한국에서 공해를 유발할 가능성이 큰 산업을 유치하지 못하도록 촉구하는 '데모'였다. 한국이 공해물질로 오염되면 지리적으로 가장 가까운 일본도 그 피해를 덤으로 입게 되기 때문이라고 했다.

이러한 '데모'에 대해 우리의 지도자들은 반일정신 즉 애국심을 역이용하여 우리 나라가 공업국가가 될 것을 두려워한 나머지 일본인들이 시기하여 일으킨 행동이라고 우리 국민을 설득했으며, "아무리 공해산업이라도 완벽한 정화 처리 시설을 갖추고 확실하고 철저하게 정화 처리만 하면 아무 염려가 없다”고 호언장담했었다.

과연 정화 처리를 완전하게 하여 그 후 오염 문제는 없었던가? 일본의 대학생과 우리 지도자들이 보는 공해에 대한 시각에는 엄청난 차이가 있었으며, 지금도 그 간격은 좁혀지지 않고 있다는 느낌이 든다.

등이나 꼬리가 굽은 물고기가 강물에 나타났다고 신문과 방송이 시끄럽게 떠들어도, “이제 우리 나라도 공해가 생길 정도로 산업화가 되었구나” 하며 오히려 반기는 듯한 반응을 보이며 ‘남의 집 불구경’ 하듯 지나쳤다.

그러던 것이 이 땅에도 ‘이타이 이타이’ 병 환자가 나오고, 한 마을의 주민 모두가 온통 피부병으로 고통을 받아 이주하는 사태가 일어나니, 그제서야 마지못하여 공해병과 공해 문제를 겨우 거론하게 되었다.

‘이타이 이타이’ 병은 일본 도야마 현(富山縣)의 진즈 강(神通川) 상류에 있는 ‘미쓰이(三井)’ 금속회사 소속의 ‘가미오카(神岡)’ 광업소에서 지각 없이 흘려 보낸 폐수 속에 섞인 ‘카드뮴’이 강과 일본내해(日本內海)를 오염시켰고, 여기서 사란 어패류를 잡아 먹은 연안 주민들에 나타난 ‘카드뮴’ 중독병이다.

일본 TV에서 방영한 ‘이타이 이타이’ 병 환자들의 처참한 모습은 맑은 정신으로는 차마 두 눈 뜨고 볼 수 없는 장면이었다. 몸집의 크기는 성인이었다. 그러나 그들은 홀로 서지도 앉지도 못하고 부모의 등에 업혀 있어야 했다. 머리를 바로 가누지 못하고 고개는 계속 도리질을 해야만 했고 팔다리는 문어발처럼 휘청거렸다. 맥 빠진 눈동자는 초점을 잃었고 힘없이 벌어진 입에서는 침이 그대로 흐르고 있었다.

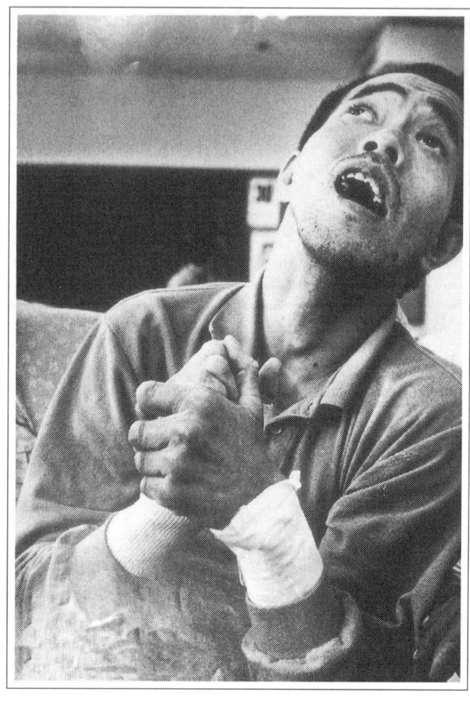

누가 이 젊은이들을 이렇게 만들었는가? 인간의 실수로 저질렀다고 하기엔 그 증상이 너무나 가련하고 처절하였다.

스무 살이 넘은 청년이 혼자 앉지도 서지도 못하고 고개마저 바로 세우지 못한다면 이는 분명 뼈에 문제가 있는 것이다. 바로 '골병(骨病)'이라고밖에 볼 수 없다. 그 '골병'이 우리 나라에도 생겨나다니…… .

'카드뮴' 중독으로 생기는 '이타이 이타이' 병이란 과연 어떤 병이며 왜 생겨나는가?

'카드뮴'은 금, 은, 아연의 제련소나 도금공장 등의 폐수 속에 섞여 배출되는 경우가 많다.

이 '카드뮴'은 우리 몸의 뼈와 이빨의 주성분인 '칼슘'과 그 성질이 아주 비슷하나 '칼슘' 만큼 딱딱하지 못하다. '카드뮴'으로 오염된 바다 밑 토양에 살고 있는 어패류나 해초를 먹으면 이들을 통하여 '카드뮴'이 우리 체내에 들어오게 된다.

체내에 들어온 '카드뮴'은 뼈를 구성하고 있는 '칼슘' 자리에 들어가서 '칼슘'을 쫓아내고 그 자리를 차지한다. '카드뮴'으로 바뀐 부분은 '칼슘'만큼 단단하지 못하기 때문에 그 자리에 근육이 밀고 들어가게 된다. 결국 뼈 사이에 근육이 파고들어 '샌드위치' 같은 상태가 된다.

그것은 마치 근육을 뼈 집게로 꽉 꼬집고 있는 것과 같은 현상이니 아플 수밖에 없다. 겉으로는 아무렇지도 않고 멀쩡한데 실제로는 강하게 꼬집힌 것과 같으니 "아야, 아야" 하고 앓는 소리를 내지 않을 수 없다. 바로 '골병'이라고 표현할 수밖에 없는 병이다.

"아야, 아야" 하고 아파하는 소리가 일본말로는 "이타이, 이타이" 이니 바로 '이타이 이타이' 병이라고 명명된 것이다. 우리 말로 직역하면 '아야 아야' 병이라고 할 수 있겠다.

이리한 병은 산업 폐수를 공정하고 확실하게 정화 처리하지 않고 함부로 방류하여 폐수에 들어 있던 중금속이 강과 바다 밑의 토양을 오염시킨 결과로 일어난다.

큰비가 내린 후면 우리의 강에는 죽은 물고기가 많이 떠내려 오는 경우가 자주 있다. 물고기가 떼죽음을 당한 것이다. 비가 와서 맑은 새물이 강으로 흘러 들어오면 물고기들이 더욱 힘차게 꼬리를 쳐야 할 텐데 어찌된 일인가?

이에 대해 의문을 가지는 것은 당연한 일임에도 불구하고 우리는 한동안 이 의문을 제기하기를 외면했다. 아니 그보다 수출입국으로 발돋움하기 위해 일부러 유보해 왔던 것이다. 한치 앞을 내다보지 못하는 얄팍한 계산이 남긴 어처구니 없는 실수였다.

그와 같은 짧은 자로 가늠한 계산 때문에 우리의 강물과 토양은 더럽혀졌고, 그로 인해 당장 우리 자신의 목숨이 위협당하고 있는 것은 물론 우리의 귀여운 자녀가 괴상 망칙한 기형아로 태어날까 두려워해야 하는 처지가 된 것이다.

더욱이 중금속으로 한 번 오염된 토양에서 중금속을 제거하여 깨끗한 토양으로 재생시키는 일은 거의 불가능하다. 이러한 사실을 분명히 알면서도 어떻게 그런 잘못을 저지를 수 있었을까?

앞날을 생각하면 가슴이 답답할 뿐이다.

또 하나의 죽음

지상에 존재하는 모든 물질은 백여 가지 남짓한 원소들이 서로 얽히고설켜 이루어져 있다는 사실을 모르는 사람은 적지만, 이 원소들의 대부분이 산소와 결합하여 산화물로 존재하고 있음을 아는 이는 그렇게 많지 않은 것 같다.

지각을 이루는 암석은 절반 이상이 규소의 산화물인 규산으로 되어 있고, 알루미늄과 철의 산화물이 그 다음으로 많이 들어 있다. 이밖에 칼리(K), 소다(Na), 석회(Ca) 및 고토(Mg) 등의 산화물이 차지하고 있다. 그러므로 나머지 90여 가지 원소의 화합물은 전체 암석 구성 비율의 3%에 불과하니, '지구는 규산과 철 및 알루미늄의 덩어리'라고 말해도 크게 틀리지는 않을 것이다.

이러한 암석이 풍화되면 잘게 부서져서 그것을 구성하고 있던 조암광물(造岩鑛物)로 나누어진다. 그 중 어떤 것은 모래가 되어 남게 되고 또 어떤 것은 다시 분해되어 점토광물(粘土鑛物)로 재합성되기도 한다.

토양을 구성하는 성분들은 토양에 따라 다소 차이는 있지만, 토양을 만들어 낸 암석의 성분과 거의 비슷하다. 그러니까 암석에 많이 들어 있는 성분은 토양에도 많이 들어 있다. 따라서 식물의 영양분이 되는 토양의 무기성분은 이들 조암광물이 풍화하여 생겨난 것이라 하겠다. 이와 같은 이유로 바로 토양의 재료가 되는 암석에 들어 있는 각종 성분의 함량은 생태계 유지에 중요한 의미를 갖게 된다.

소련의 과학자 폴리노브는 화성암(火成岩) 중에 들어 있는 모든 성분의 함량을 정량(定量)하고, 또 이들이 물에 녹아 이동하는 정도를 조사하여 그 결과를 지형과 관련시켜 흥미있게 설명하였다.

물에 잘 녹는 성분은 물에 녹은 채 물과 함께 쉽게 이동하여 최종적으로 호수로 들어가거나 바다에 이르게 마련이다. 그러므로 암석 성분 중에서 물에 잘 녹는 성분은 바닷물 중에도 많이 들어 있게 되고, 물에 녹기 어려운 성분일수록 바닷물 중에는 그 함량이 적다.

결과적으로 보면 암석의 성분 중에서 가장 잘 이동하는 것은 염소 성분이고, 석회와 칼리처럼 식물의 영양분이 되는 알칼리 금속은 비교적 쉽게 이동하는 성분이다. 반면에 규산은 이동하기 어려운 성분이다. 알루미늄과 철의 산화물은 거의 이동하지 않고 풍화된 그 자리에 그대로 잔류한다.

이와 같이 토양에 들어 있던 대부분의 비료 성분이 물에 녹아서 토양으로부터 전부 도망가고 나면 최종적으로 토양에는 철과 알루미늄의 산화물만 남게 되어 붉은색의 척박한 토양이 된다. 이런 토양을 "풍화가 끝난 토양"이라고 표현하기도 하는데, 이와 같은 토양이 건

토양에 들어 있던 대부분의 비료 성분이 물에 녹아서 토양으로부터 전부 도망가고 나면 최종적으로 철과 알루미늄의 산화물만 남게 되어 붉은색의 척박한 토양이 된다. 이러한 토양을 '라테라이트' 토양이라고 부르는데 '붉은 벽돌'이라는 의미를 갖고 있다.

조되면 쇳덩어리처럼 딱딱하게 굳어진다.

그러므로 이러한 토양에는 물이 스며들지 않고 식물이 뿌리를 내리지 못할 뿐만 아니라 땅 속에서 발아한 새싹이 토양을 뚫고 지상으로 올라오지도 못한다. 또 영양분도 거의 없어진 상태이므로 이런 토양에서는 식물이 정상적으로 생육할 수가 없어 붉은색의 불모지로 남아 있게 된다.

호주나 아프리카의 열대지역에는 이와 같은 토양이 아주 넓게 분포되어 있다. 이러한 토양을 '라테라이트' 토양이라고 부르는데 '붉은 벽돌'이라는 의미를 갖고 있다. 이러한 '라테라이트' 토양은 하나같이 붉은색을 띠고 있지만, 우리 나라의 붉은색 토양과는 근본적으로 다르다.

‘라테라이트’ 토양은 모든 비료 성분이 씻겨 없어지고 철과 알루미늄만이 남아 있는 늙은 토양이나, 한국의 붉은색 토양은 암석에 들어 있던 무기성분을 고스란히 간직하고 있는 혈기 왕성한 아주 젊은 토양이다.

토양의 성분 중에서 물에 녹아서 이동할 수 있는 성분은 언젠가는 모두 이동하여 토양으로부터 없어질 것이다. 그러므로 식물이 자라고 있는 모든 표토는 시간이 지나면 결국에는 ‘라테라이트’ 토양처럼 되어 버릴 운명을 타고났다고 할 수 있다.

그러나 우주의 섭리는 생명으로 가득찬 지구상의 모든 토양이 ‘라테라이트’와 같은 불모지로 추락하는 것을 용납하지 않는다. 이러한 불모지가 점차 늘어나 온 지구를 덮어 버리는 불행한 사태가 일어나지 않도록 하려는 의지가 여러 형태로 나타나고 있다.

자연은 홍수나 범람을 일으켜 표토에서 이동하여 없어진 성분을 보충하거나, 지진·태풍·산사태와 같은 천재지변을 일으켜서 붉은 불모지가 되는 것을 억제하고 있다. 그것으로도 부족할 경우엔 화산을 분출시켜 지구 중심부에 깊이 뭉쳐 두었던 비장(秘藏)의 재료를 배급함으로써 표토에서 잃어버린 성분늘을 보충해 순다.

정말 오묘한 자연의 섭리인 것이다. 그렇다고 언제까지나 늙어 쇠약해지는 토양의 회춘을 자연에만 의존할 수는 없다.

토양이 생명을 유지할 수 없을 만큼 영양분이 용탈(溶脫)되는 그러한 극한 상황에 이르지 않도록 우리도 끊임없이 노력하여야 한다. 이런 의미에서 우리가 할 수 있는 가장 손쉽고 효율적인 방법은 바로 적절한 토양 관리이다.

토양 관리를 철저히 하여 토양이 제 기능을 다할 수 있도록 유지해 준다면 그 토양에서 식물은 정상적으로 생육을 계속할 수 있을 것이다. 그러면 식물은 뿌리를 토양의 깊은 곳까지 뻗어내리게 되어, 땅 밑으로 씻겨 내려오는 비료 성분을 그 뿌리가 흡수하여 지상에 있는 잎이나 열매로 보내게 된다.

이러한 잎과 열매들이 지표면에 떨어져서 썩으면 그 속에 들어 있던 성분은 다시 표토에 환원될 것이다. 또 비료 성분이 표토에서 심하게 씻겨 땅 속으로 용탈된 토양의 경우에는 그 토양을 깊게 갈아엎어서 땅 속으로 내려간 비료 성분을 표토로 되돌려주기도 한다.

그러나 토양 관리를 소홀히 하여 표토가 척박해지면 식물의 생육이 불량해지는 것은 물론 토양 속의 비료 성분도 거침없이 용탈된다. 이런 이유로 지구상에는 '라테라이트'에 가까운 토양의 면적이 점차 늘어나고 있다. 이것도 토양이 죽어가는 또 하나의 양상이라 하겠다.

늦게나마 이러한 토양에 대한 연구가 시작되어 이 토양도 경작지로 이용할 방법들이 연구되고 있다. 우리도 이런 연구에 동참하여 넓은 불모지를 옥토화하고, 그 토지를 우리가 직접 이용함으로써 '우루과이 라운드'나 IMF의 회오리에서 벗어나는 또 하나의 계기로 삼아야 하겠다.

2
흙이 죽어가고 있다

부영양화

1990년 여름 8월 11일부터 18일까지 일본 교토 시(京都市)에 있는 국립 교토 국제회관에서 제14차 국제토양학회가 개최되었다. 이 회의는 4년마다 열리는 토양학의 '올림픽'과 같은 국제모임이다.

그 국제토양학회에서는 주최국인 일본을 비롯한 84개 국의 토양학자 천여 명이 참석하여 자기 나라가 당면하고 있는 토양과 관계되는 제반 문제점에 관하여 연구한 결과를 상호 교환하고 그 해결책을 진지하게 토론하였다.

수제는 '인간과 환경을 위한 토양 관리의 개선'이었다. 이 주제를 확실하게 부각시키기 위해 8개 분과로 나누어 각 분과별로 초청논문,

연구논문 및 '포스터' 발표를 하였다. 여기서 발표된 논문은 무려 천여 편이었으니, 일주일의 학회 기간을 감안하면 하루에 150여 편의 논문이 발표된 셈이다.

이 사실로 미루어 볼 때 우리 모두가 지구촌을 보다 쾌적한 환경으로 만들고 그 속에서 행복하게 살아가길 갈망하고 있음을 알 수 있다.

깨끗한 마을, 맑고 신선한 강과 호수, 쾌적한 해변-. 이것은 오늘을 사는 지구인들의 환경에 대한 간절한 염원이라고 할 수 있다. 이러한 염원을 성취시키기 위해서는 토양을 깨끗하게 보전하는 것이 무엇보다 중요하다는 사실을 이 학회는 거듭거듭 강조했고, 아울러 토양을 이용할 때도 어떻게 어느 선까지 해야 할 것인가를 깨닫게 해 준 셈이다.

우리가 이용하는 토양 중에서 가장 넓은 면적을 차지하는 것은 농경지이다. 그러나 농경지의 면적은 한정되어 있기에 거기서 가능한 한 많은 수확을 얻어내야만 한다. 그런 까닭에 좁은 면적에 가능한 한 많은 작물을 심고 거기에 맞추어 많은 비료를 뿌린다. 작물이 토양에서 쉽게 얻어낼 수 없는 영양분은 비료로써 공급해 주어야 하기 때문이다.

그러나 작물에 불필요한 비료를 주거나 필요 이상으로 너무 많이 시비하면 여분의 비료는 토양에 남거나 물에 씻겨 흘러간다. 비료 성분이 빗물에 녹거나 토양과 함께 씻겨서 호수나 바다에 들어가면 그곳의 영양분의 농도가 갑자기 짙어진다. 이러한 조건에서는 식물 '플랑크톤'이 갑자기 증식한다. 이와 같이 정지된 물에 영양분이 계속 흘러 들어가서 영양분의 농도가 높아지는 현상을 부영양화(富營養化)라고 한다.

이리호는 미국이 자랑하는 큰 호수이다. 그러나 인근의 공장 폐수가 지하수 등을 통해, 이리호를 오염시켜 수백만 마리의 물고기떼가 죽었다. 원인은 공장 폐수의 인 물질이 호수를 부영양화시켜, 산소 부족으로 물고기가 죽은 것으로 판명되었다.

　이러한 부영양화는 자연현상으로도 발생하는데, 그 주기는 아주 길다. 바다나 호수에 영양분이 계속 유입되이도 그것을 섭취하여 생물체가 번식하기 때문에 영양분의 농도는 크게 변하지 않는다. 그러나 이들 생물이 죽으면 그 시체가 분해되어 다시 영양분을 물에 환원한다.

　이러한 순환이 천연적으로 계속 진행되면 부영양화가 나타나게 된다. 이런 현상이 발생하는 것은 호소(湖沼)에 따라 차이는 있겠으나 평균 1만 년쯤 걸린다. 미국의 이리 호에서 1900년부터 70년 동안에 일어난 부영양화의 성노는 1900년 이선의 1만 년 동안에 이루신 섯보다도 더 한층 심했었다. 자연현상의 부영양화의 주기가 느리다기보다는 오늘날의 오염 정도가 그만큼 심하다는 증거이다.

호우에 의하여 농경지의 토양이 대량으로 호수나 바다에 유입되면 토양 속에 들어 있던 영양분 때문에 식물성 '플랑크톤'이 폭발적으로 증식하여 물의 빛깔이 변한다. 이런 현상을 적조(赤潮)라고 하며 우리나라 서남해안에서도 자주 나타나는 안타까운 현상이다.

바다로 흘러 들어가는 각종 산업폐수에 녹아 있는 염류는 맑은 바닷물보다 1천 배 이상이나 농도가 진하다. 따라서 연안 해역(海域)의 염농도(塩濃度)는 먼 바다의 해수에 비하여 수십 배나 높아진다. 이런 조건하에서는 식물성 '플랑크톤'이 수중의 영양분을 흡수하고 광합성을 하여 그 수가 폭발적으로 늘어남으로써 바닷물의 빛깔조차 붉어지는 적조 현상이 발생하게 마련이다.

이러한 이상 증식이 어느 정도 이상으로 진행되면 '플랑크톤'들도 영양분이 적어져서 굶어 죽게 되고 그 유체(遺體)는 밑바닥에 쌓인다. 유체는 호기성(好氣性) 분해를 하므로 수중(水中)에 녹아 있던 산소를 깡그리 소모하여 없애 버린다. 그렇기 때문에 호수나 바다의 밑바닥 부근에는 산소가 부족하여 생물이 살 수 없게 된다. 또 이렇게 되기 전에도 물고기나 조개 등은 질식하여 대량으로 사망한다.

적조가 생겨나면 물 속에 녹아 있는 산소의 부족으로 유독성 물질을 분비하는 생물이 나타나기도 하고, 물고기의 아가미에 작은 조류(藻類)가 꽉 들어차서 질식하여 죽게 되는 등 수중생물에 이상이 나타난다.

부영양화로 이상 증식된 조류(藻類)와 고등생물의 시체가 호수나 바다 밑바닥에 쌓여 호수가 점점 얕아지기도 한다. 이러한 현상이 더욱 진행되면 호수가 사라지면서 호수는 육지로 변하고 만다. 땅을 비옥하게 하려고 준 비료, 그것도 지나치면 토양을 괴롭히게 된다. 뿐만

각종 산업폐수가 바다로 흘러 들어가면 바다의 염농도가 높아져 식물성 플랑크톤이 수중의 영양분을 흡수하고 그 수가 폭발적으로 늘어남으로써 바닷물의 빛깔이 붉어지는 적조현상이 일어난다.

아니라 이러한 흙이 흘러 들어가면 호수나 바다의 부영양화를 초래하여, 수중생물의 종말을 가져오게 됨은 물론 심지어 호수 그 자체마저 없어지게 한다.

지상에서 한 종류의 생명체가 없어진다는 것은 그것을 유지시켜 오던 토양의 사명이 끝나게 됨을 의미하며, 이것은 바로 그 토양이 죽어간다는 것을 대변해 주고 있다. 수많은 학자들이 종(種)의 다양성을 강조하는 참뜻에는 흙을 살려보자는 의지가 깊게 박혀 있는 것이다.

1990년 그 뜨거운 여름날, 학회에 모인 학자들은 토양에 관한 한 모든 문제를 꼼꼼히 다루면서 이 문제도 빠뜨리지 않고 있었다. 각기 자기 나라에서 일어나는 일은 부끄러움을 무릅쓰고 신앙고백 하듯이 정직하게 보고하고 있었다. 이러한 보고, 그것이 흙에 대한 그들의 사랑의 고백이었던 것이다.

죽은 강

지난 해 여름에는 빗방울 구경하기도 힘들 만큼 심한 가뭄이 계속되더니 급기야 지독한 홍수가 뒤따르는 천재의 연속이었다. 이러한 천재로 인하여 건국 이래 가장 값비싼 고추를 먹어야 했고, 세계 각국에서 생산한 고추 맛을 골고루 음미할 기회를 가질 수가 있었다.

그보다 더 신기했던 일은 잦은 홍수가 지나간 대구의 신천(新川)에서 붕어를 낚는 태공들의 사진이 신문에 실려 있었던 것이다. 신천에도 맑은 물이 흐르면 물고기가 살 수 있다는 사실을 명확히 보여주었다.

일반적으로 신문에는 새롭고 분명한 사실이나, 보통 사람들은 상상도 할 수 없는 특별한 사연이 실린다고 한다. 개가 사람을 물면 신문 기사감이 되지 않지만, 사람이 개를 물면 기사거리가 된다고 한다.

그런데 신문에 실린 신천의 태공 사진은 무엇을 의미하는 것일까? 강에서 물고기를 낚는 것은 너무나 당연한 상식일 텐데, 신천에서 낚시질하는 것이 진기한 사건이 되어 신문에까지 오르게 되었다니, 과연 이것을 누구의 탓으로 돌려야 하겠는가?

산업이 일찍 발달했던 나라일수록 강물의 오탁(汚濁) 역시 빨랐다. 영국의 템즈 강이 죽어간다는 보도가 세계인의 가슴을 섬찍하게 만드는가 싶더니, 일본에서는 중금속으로 오염된 강물 때문에 무서운 공해병의 증상들이 나타났다. 여기에 뒤질세라 우리 나라에서도 경쟁

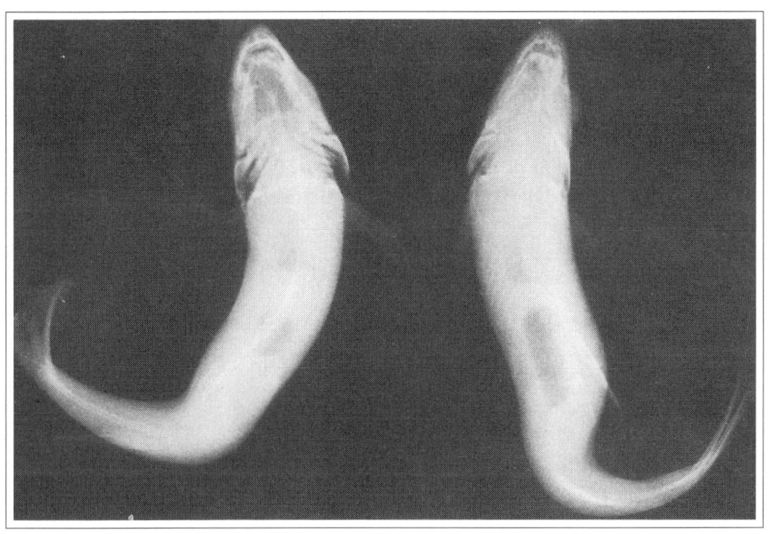

강물이 중금속으로 오염되어 하천과 강에서 등이 휜 물고기가 나타나고, 꼬리가 비뚤어진 물고기가 여기 저기서 보인다.

이나 하듯이 냇물이 썩어들고 강이 죽어가며 바다까지 오염으로 병들어 가고 있지 않은가?

하천과 강에서 등이 휜 물고기가 나타나고, 꼬리가 비뚤어진 물고기가 여기 저기서 보인다고 한다. 이러한 현상은 바로 이 나라의 강물이 독물로 바뀌어가고 있음을 알려주는 분명한 증거인 것이다. 강물에서 등 굽은 물고기가 출현했다는 것은 바로 국민 전체의 건강에 대해 경고를 보내는 신호등으로 알아차려야 할 것이다.

반세기 전에 있었던 일이기는 하지만, 구호품 밀가루 포대로 만든 때에 찌든 회색(?) '광목 팬티' 하나만 걸치고도 대구 거리가 좁다고 누비던 내 어린 시절에는 용두방천과 산격동 용대(지금 도청교 북쪽 끝)에서 개헤엄을 즐길 수 있었다.

무태강에 떠내려오던 풋과일을 겁없이 그대로 건져 먹어도 배탈

한 번 나는 일이 없었다. 팔달교 밑에서 모래무지를 잡고 뱀장어를 쫓아다녔으며, 동촌강에서 조개를 주웠다. 손가락 사이에 끼고 있던 왕잠자리가 혹시나 지쳐 죽지나 않았나 하고 흐르는 냇물에 잠시 담갔다가 손가락이 모자라 잠자리 날개를 입에 물고 다녀도 아무런 탈도 나지 않았다.

그 때 그 강물들은 동심처럼 맑았고, 강가에 앉아 맛보았던 풋과일에는 무서운 농약이라곤 묻어 있지 않았다. 이젠 모두 죽어버린 강이 되어 내가 즐겨 잡았던 모래무지와 조개는 어느 강에서도 찾아볼 수가 없게 되었다.

토양은 독물로 오염된 강물을 쉬지 않고 여과하여, 독 성분은 자신이 떠안고 독이 없어진 깨끗한 강물만을 유유히 흐르게 해 준다. 그러나 이젠 강 바닥에서 독물을 걸러 줄 토양마저 더럽혀져서, 독물을 여과할 능력을 거의 잃어가고 있다. 어쩌면 그 능력을 상실하고 말았을런지도 모른다.

그러니까 강물을 깨끗하게 지키고 보존해야 할 일을 누구에게도 의지할 수가 없게 되었다. 자연에게만 맡겨 두기엔 너무 때가 늦은 기분이 든다. 이제 믿어야 할 것은 바로 우리 자신뿐이다. 우리 자신이 정신을 차리고 조심하는 길, 그것 하나만이 남아 있는 셈이다.

강물과 흙이 더 이상 오염되지 않도록 조심 또 조심해야 하겠다. 우리는 조상으로부터 깨끗한 강토를 물려받았다. 그런데 그 아름답던 산하를 지폐 두께를 헤아리는 데 눈이 멀어 그만 더럽히고 병들도록 내버려두지 않았던가? 때 늦은 감이 없지 않지만, 지금이라도 죽어가는 우리 산하를 우리의 자손들이 맘 놓고 뛰놀 수 있도록 깨끗하게 복원하여야 한다. 그래서 깨끗한 강토를 물려주어야 하지 않겠는가?

신천(新川)을 살리자

　한때 라인 강의 기적을 능가하는 한강의 기적을 이루었다고 칭찬을 받았던 우리 나라는 분명 떠오르는 별이었다. 그 힘을 빌려 88 서울올림픽을 개최할 수도 있게 되었다.

　올림픽을 개최하기 위해선 우선 운동장이 필요했고 선수촌이 있어야 했다. 그러나 보다 더욱 다급한 것은 우리의 더럽혀진 환경을 정화하는 것이었다.

　세계 각국으로 내보낸 홍보책자에는 분명 우리 나라를 금수강산이라고 소개했었다.

　정녕 그랬던가? 조상에게서 물려받은 아름답던 산하는 쓰레기로 덮이고 독물로 죽어가고 있지 않았던가!

　환경을 정화하겠다고 서둘렀지만 오염된 환경은 그렇게 쉽게 깨끗해지지는 않았다. 마당에 널린 휴지조각을 빗질하여 말끔히 쓸어버리는 것처럼 그렇게 간단하지 않았다.

　우리의 환경을 잠시 잘못 건사하면 오염된 토양, 독으로 가득 찬 강을 끌어안고 두려움에 떨어야 한다. 그러므로 환경을 잘 다스려야 하고, 오염된 환경은 더 심해지기 전에 도로 제 모습을 찾도록 고쳐놓아야 할 것이다.

　오염된 환경을 깨끗이 복원하려면 무엇보다 그것을 '고쳐야겠다'는 마음가짐이 중요하다. 그러한 결심 그 자체만으로도 벌써 환경은 반 이상 깨끗하게 정화되었다고 할 수 있다.

　낙동강은 아직 전반적으로 조사조차 되지 않았으나, 신천(新川)과 금호강(琴湖江)의 토양은 이미 자정 능력을 잃을 정도로 오염되어 있음이 나의 연구실 조사에서 밝혀졌었다. 이와 같이 신천은 거의 죽어

흙과 돌로 쌓았던 신천의 제방은 시멘트와 콘크리트 제방으로 바뀌고 말았다. 드디어 강은 자정
능력을 잃게 되고 결국엔 오염물만 가득히 쌓여 병들어 죽어가게 된 것이다.

있고 금호강은 너무나 깊이 병들어 있다.

이러한 신천과 금호강을 우리가 모두 합심하여 더 이상 오염된 폐수를 방류하지 않고 깨끗한 물만을 흘려보낸다고 하여 진정 깨끗한 강이 될 수 있을까?

중금속으로 오염된 토양은 깨끗한 물로 아무리 씻어도 중금속은 씻겨 없어지지 않기 때문에 신천과 금호강의 정화는 그렇게 간단하지가 않다. 신천과 금호강을 일시 방편으로서가 아니라 진정 맑고 깨끗한 강으로 만들고 또 낙동강의 오염을 방지하려면 적어도 신천 밑바닥에 쌓인 토양을 10cm 이상 걷어 내어 다른 곳에 버려야만 할 것이다.

강이나 바다 밑의 오염된 토양을 긁어 내어 강과 바다를 정화한 예는 영국과 일본에서 벌써 있었다.

‘이타이 이타이’ 병을 발병케 하여 일본열도를 들끓게 한 ‘미쓰이 (三井)’ 광업회사와 ‘미나마타(水渓)’ 병을 유발케 한 일본질소공업회사(日本窒素工業會社)는 막대한 돈을 들여 일본 내해(日本內海)의 밑바닥에 쌓인 오염된 토양을 긁어 내어 일본 내해의 오염을 근본적으로 해결하려고 노력했기에 일본 국민들의 원성을 약간이나마 무마할 수 있었다.

물론 바다 밑의 오염된 토양을 준설(浚渫)하여 제거하는 것이 그렇게 쉬운 작업도 아닐 뿐만 아니라 그 방법에도 문제점이 많았으며, 오염된 토양이 완전히 제거될 턱도 없었음에는 의심의 여지가 없다. 그러나 그만한 노력 없이는 결코 오염된 토양은 깨끗하게 할 수 없다는 것을 증명한 좋은 전례(前例)가 된 것이다.

한때 영국의 템즈 강은 세계적으로 공해의 대명사라 할 만큼 오염되어 있었다. 영국은 템즈 강의 죽은 토양을 걷어 내는 작업에 나섰다. 이 일에 런던 시민은 물론 온 영국 국민이 힘을 모았다. 준설 작업이 끝난 후, 각 가정에서 하루에 한 말씩 깨끗한 상수도 물을 템즈 강으로 흘려보내기 운동을 전개하였다.

물론 각 가정에서 강으로 흘려보내는 물의 양 만큼을 상수원에서 바로 흘려보낼 수도 있었다. 그러나 영국의 지도자들은 그렇게 하지 않고 각 가정에서 그 일을 하도록 ‘캠페인’을 벌였던 것이다. 그것은 런던의 전 시민에게, 더 나아가 온 영국의 국민에게 그 일을 시킴으로써 템즈 강의 정화 운동에 각자가 직접 참여한 주최자로서의 긍지를 심어 주고자 하였다.

그렇게 함으로써 템즈 강은 런던 시민과 영국 국민 스스로가 지킬 수밖에 없는 생명의 젖줄이라는 것을 가슴 깊숙이 인식시키는 데 성공했다. 이러한 노력은 결국 템즈 강을 재생시켰고, 피라미 한 마리

없던 강에는 가장 깨끗한 물에만 산다는 은어와 연어가 올라오게끔 만들었다.

대구를 살리고 영남의 젖줄인 낙동강을 살리기 위하여 금호강을 살려야 하고, 금호강을 살리기 위해서는 신천을 살려야 한다.

이미 자정 능력을 상실한 신천과 금호강의 강 바닥의 오염된 토양은 준설하지 않으면 안 된다. 그러나 그 작업은 결코 쉽지는 않다.

그래도 독이 가득 찬 땅을 물려준 조상이라는 원망을 받지 않으려면 우리도 이 작업을 해내야만 한다. 위급한 환자를 치료하듯이 빠르면 빠를수록 죽어가는 강과 토양을 살려낼 확률이 높다는 것을 다시 한 번 명심해야겠다.

수돗물에 '페놀' 소동

저녁 식사 후 배가 아프다고 호소하는 아내에게 금년 봄에 휩쓸었던 악성 유행감기가 늦게 찾아온 모양이라며 감기약을 권했다. 감기약의 효과가 없었던지 이런 배앓이가 며칠이나 계속되었다. 또 매일 마시는 커피에서조차 평소에는 느낄 수 없었던 소독약 냄새가 강하게 풍겼으며, 보리차조차도 역겨울 정도로 냄새가 고약했다. 수돗물에서 이처럼 심하게 냄새가 나는 것은 종전에는 느낄 수 없었던 일이었다.

아내의 계속되는 배앓이를 독감 때문이라고 확신하면서 시내에서 가진 동문(同門) 모임에 참석했다. 그 날 화제의 중심은 수돗물 냄새에 모아졌고, 그 냄새의 원인은 '페놀'이라고 하였다. 정신이 아찔할 정도로 놀랐다. 내 자신이 엔간히도 무디고 미련하다고 느꼈다.

나의 미련함은 전 시민의 생명수인 수돗물 속에 그런 물질이 들어 있으리라고는 상상도 못한 데 있었다. 그렇기 때문에 비록 냄새는 비슷하였을지라도 '페놀'의 냄새라기보다는 과다하게 투여(投與)한 '클로르칼키'의 냄새려니 하고 지나쳐 버렸던 것이다.

이제 30년도 훨씬 지나버린 일이긴 하지만 일본의 큐슈 대학(九州大學)에서 박사과정을 이수할 때, 지도교수에게서 받은 연구과제가 '토양 중 오염화페놀(PCP)의 행동'이었다.

물에 녹지도 않는 PCP의 흰 가루가 든 병을 들고 밤새워가며 고민하던 일이 뇌리를 스치면서 이런 물질이 어떻게 상수도 물에 들어 있게 되었는지 정말 어처구니가 없다고 느꼈다.

'페놀'은 무색(無色)의 산성물질로 공기나 빛에 노출되면 붉은색으로 변한다. 물에는 잘 녹지 않으며 독성과 부식성이 강하여 볕이 들지 않는 서늘한 곳에 보관해야 하고 맨손으로 만지지 말아야 한다.

소량이라도 섭취하면 메스꺼운 구토증을 느끼게 된다. 섭취량이 많으면 녹색이나 짙은 색의 오줌을 누게 되고, 입안이 해지고 마비와 경련이 일어나며 혼수 상태에 빠지게 된다. 섭취량이 과다하면 호흡 곤란이나 심장마비를 일으켜 사망할 수도 있다.

치사량은 성인이 먹었을 경우 15g으로 알려져 있지만 1g이라는 보고도 있다. 피부로도 흡수되며 조금씩이라도 오랫동안 섭취하면 콩팥과 간장을 손상시킨다.

이 '페놀'은 일반적으로 변소나 시궁창의 소독제로 잘 알려져 있으며 병원이나 화장실에서 맡는 소독약 냄새가 바로 이 '페놀' 냄새이다. 그러나 인공수지, 의약품, 유기합성품과 염료 제조의 원료로 더 많이 쓰이고 있으며 독특한 냄새를 갖고 있다.

'페놀'은 염소와 결합하여 염화페놀이 되면서 '페놀'의 냄새는 수백 배로 짙어진다. 염화페놀 중 염소가 가장 많이 결합되어 있는 것이 오염화페놀(PCP)이다. 이것은 침(針) 모양의 뾰족뾰족한 결정체로 자극성 냄새를 갖고 있다. 흰 개미를 없애는 살충제로도 쓰이며, 낙엽촉진제(落葉促進劑)나 목재의 방부제로 많이 쓰일 만큼 독성이 아주 강한 일종의 농약이다.

대구시에서 일어난 상수도 물의 '페놀' 오염 사건은 '페놀'이라는 물질에 관한 화학지식의 부족이나 혹은 한 사람의 순간적인 착각과 무관심이 얼마나 무서운 결과를 초래할 수 있는가를 보여준 좋은 예이다.

이 사건은 무지에서 비롯됐다고 하겠다. 상수도의 정수 과정 중에 '페놀' 냄새가 나는 것을 담당 직원은 미리 알았었다. 그래서 염소 처리를 하여 그 냄새를 제거하려 하다가 오히려 '페놀'의 냄새를 증폭시키고 말았다. 그런데도 불구하고 그 냄새 나는 물을 단수(斷水)하지 않고 송수관으로 그냥 흘려보냈다는 것이다.

이러한 설명을 듣고 아내는 "쉽게 말하면 농약 섞인 물을 시민에게 먹인 셈이 아니냐"고 흥분하며 따졌다. 모든 염화페놀이 바로 농약으로 쓰이지는 않는다고 달래기는 했지만 모든 시민의 심정이 이와 같지는 않았을런지…….

'페놀'은 물에 거의 녹지 않으나 일부는 해리(解離)하여 음전기(陰電氣)를 띤다. 그런데 우리 나라의 토양은 일반적으로 표면에 음전기를 띠고 있으므로 같은 음전기를 띠는 '페놀'과는 정전기적(靜電氣的)으로는 결합할 수가 없는 것이다. 그러나 오염이 심한 강의 바닥에는 유기물이 많이 퇴적되어 있고, 그 유기물은 표면에 양전기(陽電氣)를 띠기도 하므로 음전기를 띠는 '페놀'과 정전기적으로 결합하여 강바닥에 가라앉아 오랫동안 남아 있을 수도 있다.

　또 강물이 산업폐수로 오염되어 강산성(强酸性)을 띠게 되면, 토양의 점토 표면이나 유리(遊離)된 철과 알루미늄 등이 양전기를 띠게 되므로 음전기를 띤 '페놀'이 거기에 정전기적으로 결합하여 흡착된다. 더욱이 점토 표면에는 물 속보다도 수십 내지 수백 배나 수소 '이온'의 농도가 높으므로 '페놀'이 점토 표면에 침전하듯 흡착하기도 한다.

　이와 같은 현상으로 추리해 보면, 산업체에서 무심코(?) 흘려보낸 '페놀'은 낙동강에 들어와서 강물에 완전히 녹아 완벽하게 희석되는 것이 아니고 녹지 않고 침전하거나, 강 바닥의 유기물과 토양 표면에 흡착되어 잔류하거나, 토양 입자에 흡착된 채로 강물을 따라 함께 하류로 천천히 이동하게 될 것이다.

　그러므로 용해성이 큰 설탕이나 소금처럼 물에 전부 녹아서 쉽게 희석되면서 잠깐 동안에 강물과 함께 흘러가 버리지 않고, 오래도록 강바닥에 남아서 '페놀'의 독성을 계속 나타낼 수도 있는 것이다. 그러므로 '페놀' 소동을 일과성 사건으로만 취급하면 제2, 제3의 '페놀' 오염 사건이 일어날 수도 있는 것이다.

　상수도라고 하여 '페놀' 섞인 물이 한 번 지나갔으니 '페놀'의 위험으로부터 절대적으로 안전하다고 할 수도 없다. 상수도이지만 물탱크를 사용하는 경우에는 밑바닥에 점토와 철분 등의 붉은색 앙금이 가라앉아 쌓여 있는 경우가 많다. 이러한 앙금은 '페놀'을 잘 흡착하는 성질을 가지고 있다. 그러므로 수돗물 속에 섞여 있던 '페놀'이 물탱크에 침전되었던 철분과 결합하여 앙금과 함께 물탱크의 바닥에 그대로 남아 있을 수 있다. 그러니까 '페놀'의 위험에서 완전히 벗어나려면 물탱크의 밑바닥에 쌓인 앙금을 말끔히 제거해야 한다. 그렇지 않으면 비록 냄새를 느끼지는 못할지라도 앙금에 흡착된 '페놀'이 천천히 조금씩 녹아서 수돗물에 계속 섞여 나오게 될 것이다.

오염 사고가 일어난 직후에는 언제나 일시적으로 공청회다 세미나다 하면서 부산을 떨지만, 잠시만 지나면 언제 그런 일이 있었더냐는 듯이 곧 잊어버리고 만다. 그리고 온통 오염을 일으킨 사람의 처벌에만 신경을 쓰는 듯 경쟁하듯이 목소리를 높인다.

그러나 따지고 보면 오염으로 인한 사고는 한 개인의 잘못만으로 일어나는 것은 결코 아니다. 결국 우리 사회 전체가 오염에 대한 상식과 두려움이 없기 때문에 일어나는 일이다. 그러므로 우리 모두가 나누어 짊어져야 할 책임인 것이다. 오염에 대한 인식이 부족했기에 감독자도 신경을 쓰지 않았고, 버리는 사람도 양심의 가책을 느끼지 않고 폐기물을 함부로 버렸을 것이다.

구조적으로 볼 때 관련된 구성원 중에서 어느 한 사람이라도 확실한 소신을 가지고 자신의 임무에 충실하였다면, 상수도의 '페놀' 오염과 같은 사고는 결코 일어나지 않았을 것이다.

수돗물에 혼이 난 아내는 맑은 물이 있는 시골로 이사가자고 조른다. 아무리 맑고 깨끗한 금수강산이라도 우리가 깨끗하도록 지키지 않는다면 어디에 간들 마음 놓고 맑은 물을 마실 수 있겠는가?

자정작용(自淨作用)

강산이 여러 번이나 바뀌는 세월이 흘러갔으나, 첫 유학 시절의 흥분과 감동은 쉽사리 잊혀지지 않는다. 찌든 가난에서 헤어나지 못하던 70년대 초 일본에 유학한 때의 일이었다.

유학 선배의 안내를 받아가며 학교 주변에 있는 '슈퍼'에 처음 들어갔을 때, 홈자국 하나 없는 반듯한 상품들이 일목요연하게 가지런히 진열된 정경을 보고 감탄을 금할 수가 없었다. 그러나 이러한 감탄은 차츰 그 곳 생활에 익숙해지면서 엷어지기는커녕 새로운 감탄으로 그 정도가 짙어지게 되었다. 환경오염이 상품과도 직결되어 있다는 데 대한 놀라움과 감탄이었다.

분초를 다투는 실험에 매달려 시간에 쫓기다 보면 먹을 것을 준비할 틈도 쉽사리 나지 않는다. 그러니 주말이면 한 주일 먹을 식품을 한꺼번에 준비하러 '슈퍼'에 간다. 그 때마다 의심스럽게 생각한 것이 있었다. 같은 종류의 생선으로 크기도 같은데 어떤 것은 값이 두 배나 비싸다는 것이었다. 싼 것에 손이 쉽게 나가지만 혹시 상한 것이나 아닌지 아가미를 들여다보기도 하고 뒤집어 보기도 했지만 깨끗한 것이 외형으로는 전혀 차이점을 발견할 수 없었다.

단지 비싼 것은 북해산(北海産)이라고 산지가 밝혀져 있었으나, 싼 것은 산지를 밝히지 않은 것만이 달랐다. 나중에 안 일이지만 산지를 밝히지 않은 것은 일본 근해(近海)에서 잡은 것이었다. 중금속으로 오염된 일본 근해의 생선은 값이 싸고, 청정해역이라는 북해에서 잡은 것은 비쌌던 것이다. 중금속으로 오염된 바다에서 잡은 생선은 역시 중금속에 오염되었을 가능성이 크다는 이유 때문이었다.

정화 처리를 확실히 하지 않은 산업폐수나 도시하수에는 각종 오염물질이 정도 이상으로 많이 들어 있다.

이러한 오염물질들은 강을 따라 바다로 흘러가는 도중에 그 농도가 저절로 점점 묽어지게 되는데 이러한 현상을 자정작용(自淨作用)이라고 한다.

자정작용은 오염물질이 수중에서 스스로 분해되어 감소하거나, 상에 살고 있는 수중식물(水中植物)이 오염물질을 흡수하여 그것을 줄여주기 때문에 일어나기도 하고, 미생물이 오염물질을 분해시켜 없애주기 때문에 일어나기도 한다.

그러나 그보다는 토양이 오염물질을 여과하여 붙잡아두는 능력이 크기 때문에 자정작용이 일어난다. 수중에 녹아 있던 오염물질을 강바닥이나 제방의 토양이 흡착하여 보관하기 때문에 물 자체는 맑아지며, 그렇기 때문에 물은 오염의 현장으로부터 멀리 흘러갈수록 점점 더 맑아진다.

이와 같이 오염물질은 강을 따라 바다로 흘러가는 도중 조금씩 맑어지게 되지만, 거기에 비례하여 강바닥의 토양은 강물이 자정된 그만큼씩 오염이 심해진다. 바다 밑의 토양도 마찬가지다. 강의 자정 능력에 의해 오염물질이 맑어져서 흘러 들어온다고 하지만 잔여 오염물은 연안 해역의 토양에 흡착되어 점점 농축된다.

오염물질이 토양에 한 번 흡착되면 토양에서 그들을 다시 분리하여 떨어 버리기가 무척 어렵다. 특히 중금속의 경우는 더욱 심하여 이들이 한 번 토양에 흡착되면 그것을 제거하는 것은 거의 불가능하다. 그렇기 때문에 강을 따라 흘러가는 도중에 맑어진 중금속이라도 토양에 접촉되면 조금씩 조금씩 쌓여 토양 표면에 중금속의 농도가 짙어지게 된다.

중금속이 농축되어 있는 토양에 서식하는 수중식물은 중금속을 많이 흡수하기 때문에 뿌리는 물론 잎과 줄기에도 중금속이 많이 들어 있다. 수중의 소동물(小動物)들이 이러한 잎과 줄기를 먹고 자라게 되면 그들에게 중금속이 옮겨 가서 농축된다. 마침내 이런 소동물을 잡아먹고 사는 어패류에도 중금속이 점점 농축되어 정도 이상으로 쌓이게 되므로 우리가 이와 같은 미역이나 어패류를 먹게 되면 당연히 우리 체내에도 많은 중금속이 들어오게 된다.

금호강변의 낚시 풍경. 강에서 물고기를 낚는 것은 너무나 당연한 상식일 텐데, 강에서 낚시질하는 것이 진기한 사건이 되어 신문에까지 오르게 되었다. 과연 이것을 누구의 탓으로 돌려야 하겠는가?

체내에 들어온 중금속은 쉽게 배설되지 않고 계속 쌓이게 되므로 적은 양의 중금속이라도 계속 섭취하면 점점 누적되어 결국 위험수준에 이르게 될 수두 있다. 그런 까닭에 우리가 토양을 오염시키면 결국 그 보복은 우리가 받게 되는 것이다.

강이나 바다는 그 밑바닥의 토양이 중금속을 흡착 보관하기 때문에 강물이나 바닷물은 오염되지 않은 것처럼 깨끗하게 느껴진다. 그러나 토양이 오염물질을 걸러내는 능력에도 한도가 있다. 그 능력 이상으로 오염물질을 흘려 보내면 토양은 자신의 능력이 닿는 한 오염물질을 제거하지만, 그 한계를 넘어서게 되면 정화기능을 상실하고 만다. 토양이 자정 능력을 잃게 되는 날 강은 곧 죽은 강이 되고 바다 역시 텅 비게 될 것이다.

신천(新川)이 썩고 금호강이 죽어가는 것도 결국 우리가 자각 없이 버린 오염물질이 너무 많았기 때문이다. 강에 있는 토양이 자신의 능력이 다할 때까지 오염물을 여과하고 또 여과하고, 흡착에 흡착을 거듭하면서 그 더러운 것들을 받아들여 왔지만, 이제 더 이상 이것들을 흡착할 수 없게 되어 버렸기 때문에 일어난 현상이다.

강의 토양이 그 능력의 한계를 벗어날 정도로 오염되어 이제는 병이 들고 만 것이다. 병이 든 강의 토양에는 오염물을 분해하던 미생물들도 사라졌다. 더욱이 흙과 돌로 쌓았던 제방은 시멘트와 콘크리트 제방으로 바뀌고 말았다. 드디어 강은 자정 능력을 잃게 되고 결국엔 오염물만 가득히 쌓여 병들어 죽어가게 된 것이다.

동방삭(東方朔)의 경술

이 지구상에 인류가 태어난 이래로 가장 오랫동안 죽지 않고 살았다고 전해오는 사람들 중에 삼천갑자(三千甲子)나 살았다고 하는 동방삭(東方朔)을 빼놓을 수가 없을 것이다. 동양문화권에서는 인간의 수명은 하늘이 정하는 것으로 여겨 '인명은 재천'이라고 하였다.

그런데 동방삭이 삼천갑자나 살았다니 과연 몇 년이나 살았다는 것인지……. 갑자(甲子)가 한 번 돌아오는 데 60년이 걸리고, 이것이 삼천 번이나 되었으니, 지금의 계산으로 따진다면 무려 18만 년이란 세월을 의미한다.

동방삭이 이처럼 오래 살게 된 것은 인명을 관장하는 천상(天上)의 명부(冥府)가 실수를 한 탓이라고 한다. 즉 생살부(生殺簿)의 인명록에 동방삭의 이름이 누락되어 있었다. 요즈음의 주민등록번호를 받지 못한 것과 비슷하다. 그러니까 명부의 차사(差使)들은 동방삭의 수명이 다 했는지 아직도 더 살아야 하는지조차 알지를 못했다는 것이다. 그런데 지상에는 18만 년 동안이나 죽지 않고 살아 있는 사람이 있다는 소문이 무성하여 하늘에까지 알려졌다.

염라대왕이 차사들을 지상으로 내려보내 실상을 조사해 오도록 명령했다. 차사들이 백방으로 노력해 보았으나 동방삭의 행방을 알 수가 없었다. 오래도록 살아 오면서 많은 지혜를 얻었기에 차사가 쳐 놓은 덫을 용케도 피해 다닐 수 있었던 것이다.

차사들도 머리를 짜서 궁리한 끝에 한 꾀를 내었다. 사람들의 왕래가 빈번한 개울가에서 참나무 숯을 물로 씻고 있었다. 우연히 여기를 지나가다가 이 광경을 본 동방삭이 "저런 바보가 어디 있나? 내가 삼천갑자를 살아 왔지만 숯을 물로 씻는 바보는 처음 보네"라고 아무 생각 없이 경솔하게 중얼거렸다. 그 말을 기다리고 있었다는 듯이 그 길로 명부에 끌려갔다는 이야기가 전해오고 있다.

차사들이 숯을 씻었던 것처럼 실험실에서 부지런히 흙을 씻기도 하고, 끓이기도 하며 실험을 하고 있으니, 유학 왔던 후배가 "아직도 흙장난을 합니까? 애들이나 하는 짓 아니던가요" 하고 농을 걸어 왔다.

정말 내가 어릴 적엔 별다른 장난감이란 것이 없었기에 흙장난을 하면서 긴긴 한나절을 보냈다. 마른 흙을 바람에 날려 멀리 날아간 보드라운 흙과 가까이 떨어진 굵고 거친 흙을 따로따로 모아 놓고, 병뚜껑이나 고무신에 담아서 쌀밥, 보리밥 하면서 놀던 소꿉장난은 언제나 즐거운 놀이였다.

요즈음처럼 장난감이 지천으로 널려 있어도 그것을 갖고 놀기보다 마을의 빈터에 쌓아 둔 모래더미에서 즐겁게 놀고 있는 꼬마들을 자

주 본다. 이렇게 흙을 사랑하던 모든 어린이들은 어른으로 성장하면서, 산업 발달이니 개발이니 하는 구실을 앞세워 흙을 더럽히며 흙과 멀어져 갈려고 애써 노력하는 것같이 느껴진다.

비록 늦었지만 우리 나라에도 자연보호운동이 시작된 것은 다행한 일이다. 자연보호운동은 나무를 가꾸고 휴지와 빈병을 줍고 또 야생 동물의 멸종을 방지하는 것만이 아니고, 근원적으로 지각의 최상부에 존재하며 만물의 생명줄인 토양을 오염되지 않게 잘 지켜 깨끗하게 보존하는 운동이 되어야 하겠다.

토양은 암석의 풍화물과 생물의 유체가 섞인 자연체로서 지구상에서 일어나는 모든 발열 반응에서 뿜어내는 열을 흡수해 주며, 생물이 살아가는 기반을 제공해 준다. 그러니 토양이 조금씩 병들어 간다는 것은 그만큼씩 내 생명도 병들어 가고 있음을 뜻한다.

흙은 너무나 정직하다. 콩 심은 곳에 콩이 자라게 하며, 팥 심은 곳에 팥이 열리게 한다. 흙을 가꾸는 사람의 능력과 정성에 따라 좋은 흙이 되기도 하고, 못 쓰는 불모의 폐허로 전락하기도 한다. 그러나 흙은 자기를 내세우지 않고 우리가 가꾸기에 따라 좋게도 나쁘게도 변해 간다.

많은 사람들은 흙이 얼마나 중요하고 고마운 존재인가를 전연 모른 채 살아가는 것은 아니고, 이따금씩 깨닫기도 하는 것 같다. 봄이면 돋아나는 새싹에 눈이 멀고, 여름엔 무성한 녹음에 홀리게 되며, 가을철로 접어들면 수확할 풍성함에 온통 정신을 쏟고 만다. 그러면 추수가 끝난 겨울은 어떤가? 눈으로 덮인 황홀한 설경(雪景)에 매료되어 흙의 참모습을 바라볼 마음의 여유가 없어진다.

가을 추수가 마무리되어 가는 시점에 홀가분하게 차려 입고 들판으로 한 번 나가 보자. 맨살을 드러낸 흙도 밟아 보고, 한 줌 흙을 집어들고 눈여겨 일별(一瞥)이라도 주어 보자. 그래야 나도 자연에 대해 무엇인가 내가 할 수 있는 성의를 나타냈냐고 사신에게나마 암시를 줄 수 있을 것이다.

만약 지금처럼 무관심하게 흙을 더럽혀 나가다간 아무리 포용력이 큰 흙이라 할지라도 어느 날엔가는 그 위에 생물이 살아가는 것을 허용하지 않을 것이다.

현대 의학이 어떻고, 생명공학의 눈부신 발달이 어떻다고 떠들어댄들 동방삭처럼 길게 살지도 못할 것이면서 우리는 웬 욕심이 그렇게도 많아 무한정으로 흙을 더럽혀야만 하는 것일까-. 동방삭은 대단치도 않은 자신의 식견을 자랑하는 경솔함 때문에 질기게도 살아온 목숨을 내놓게 되었지만, 우리는 편리함을 추구하는 끝없는 욕망과 무엇이든지 해 낼 수 있다는 가공할 만한 오만 때문에 결국은 흙을 죽이는 경솔함을 저지르고 말 것이다.

지금의 이 흙은 나만의 것이 아니라, 여기에서 살아가야 할 후손들의 것임도 재삼 강조하지 않을 수 없다.

아직도 늦지 않았으니 조그마한 관심과 애정이라도 나누어 주어서 늘 살아 숨쉬고 있는 흙으로 가꾸어 나가야 하겠다.

흙 살리기 운동

1996년도 여름에 농협 중앙회는 획기적인 사업을 기획하여 발표했다. 우리 농촌을 살릴 수 있는 근본적인 해결책은 값싸고 품질이 우수한 농산물을 생산하는 길뿐이라고 판단하고, 이를 위한 첫 사업으로 '흙 살리기 운동'을 전개하기로 결정한 것이다. 그 때 발표한 취지문의 내용에 우리 모두는 공감하였고, 그것이 또한 많은 것을 생각하게끔 하였다.

토양은 만물이 살아가는 생명의 원천이자 농업의 뿌리이며 인간 삶의 바탕이다. 인류문명도 토양의 생명력과 함께 흥망성쇠를 같이 해 왔다는 사실을 역사는 생생하게 증명하고 있다.

그러나 문명의 발달을 잘못 다룬 까닭에 강과 지하수가 오염되고 오존층이 파괴되었으며, 사막화가 진행되는 등 지구촌의 환경 파괴는 아주 위험한 지경에 이르렀다.

그런 까닭에 지구의 환경을 어떻게 하면 깨끗하게 보전할 수 있을까 하는 것이 오늘날 인류가 풀어 나가야 할 최대의 과제로 대두하게 되었다.

이에 병들어 쇠약해진 토양에다 새롭게 생명력을 불어넣어 줌으로써, 안전하고 품질 좋은 농산물을 많이 생산할 수 있도록 노력함과 더불어 쾌적한 환경을 가꾸어 나가는 발판으로 삼기 위해 '흙 살리기 운동'을 전개해야 한다는 것이다.

이러한 움직임은 새로운 '밀레니엄'인 21세기를 맞이하여 민족의 먹거리를 담당할 우리 농업을 지키고, 나아가서는 무한 경쟁시대를 지혜롭게 극복해 나갈 수 있도록 우리 농업의 경쟁력을 키우는 값진 운동으로 곧바로 이어져야 할 것이다.

'흙 살리기 운동'은 의욕이나 마음만으로 이루어지는 것이 아니라, 정확한 지식과 기술을 바탕으로 하여 곧바로 실천에 옮길 때 그 효과를 거둘 수 있는 것이다.

토양을 생활 터전으로 삼고 있는 농업인은 '흙 살리기 운동'의 주체가 되어 생명력 있는 좋은 토양 만들기에 전력투구해야 하며, 모든 국민과 더불어 정부 및 사회단체들도 여기에 깊은 관심을 갖고 적극 지원해야 할 것이다.

농협이 이와 같이 토양을 살리기 위해 팔을 걷어붙이고 나서게 된 데에도 그만한 이유가 있다. 그 동안 토양의 생명력이 심각하게 파괴되었기 때문에, 이 상태로 가다가는 우리 농업을 지속할 수 있을지 그 여부가 극히 우려된다는 위기의식이 가장 심각한 농촌문제로 떠올랐기 때문이다.

실제로 우리 농토는 그 동안 계속해서 시비(施肥)해 온 화학비료와 농약 위주의 농사 때문에 그 생명력이 원천적으로 쇠진되어 있음을 부인할 수 없다.

물론 금비(金肥)와 농약에 의존하는 근대농법 덕분에 주곡을 자립

산성비로 인하여 나무들이 죽어가고 있다.(위)
공해산업으로 인한 오염과 죽음을 극명하게 보여주고 있다.(아래)

하고, 채소·과일·육류 등을 충분히 먹을 수 있게 된 것은 사실이다.
그러나 근대농법을 도입한 지 불과 30여 년도 채 안 되는 동안에 우
리의 논밭은 황폐해지고 병해충은 늘어난 반면, 익충(益蟲)과 천적 생
물(天敵生物)은 농토에서 사라지고 말았다.

건강하고 안전한 농산물은 기름지고 깨끗한 토양에서만 생산이 가능하다. 좋은 자양분을 듬뿍 담고 있는 생명력이 넘치는 토양, 이는 인간과 자연을 모두 살리는 생명의 근원이다.

그러니 살아 숨쉬는 토양으로 가꾸고 보호하는 길만이 우리의 밥상을 건강하게 유지하는 최선의 수단인 것이다.

사람의 몸과 그 사람이 태어난 고장의 토양과는 서로 뗄래야 뗄 수 없는 밀접한 관계가 있다. 그래서 자기가 자라난 고장에서 생산된 농산물을 먹고 살아야 건강에 좋다는 뜻으로 우리는 '신토불이(身土不二)'라는 용어를 쓰고 있다. 나의 몸과 나를 길러 준 토양이 서로 다르지 않고 일치한다는 뜻이다. 그러니까 이 말은 자기가 태어나서 자라난 고향의 토양에 이상이 생기면 우리의 건강에도 이상이 생길 수밖에 없다는 뜻이기도 하다.

농협이 제창한 '흙 살리기 운동'은 결국 우리의 명줄을 튼튼히 하자는 운동이므로 우리 모두가 힘을 합쳐 '토양 살리기'의 파수꾼이 되어야 하겠다.

산과 들에서 또 고속도로에서 무심코 버리는 오물이 우리의 토양을 병들게 하고 죽어가게 한다는 사실을 명심하고, 음식 찌꺼기니 과자 봉지 하나라도 함부로 버리는 어리석음을 저질러서는 안 된다.

이제 토양이 건강을 잃게 되면 그 피해는 결국 우리 국민 모두가 입게 된다는 것은 분명한 사실이다. 지금 우리가 밟고 있는 이 땅은 우리 세대만의 것이 아니라 길이 길이 후손에게 넘겨주어야 할 귀중한 재산이기도 하다. 중병을 앓고 있는 우리의 토양을 되살리는 일에 더 이상 머뭇거리지 말고 우리 모두가 나서야 할 때이다.

흙의 날을 제정하자

지상의 모든 만물은 흙에서 태어나서, 또한 멀지 않아 다시 흙으로 돌아가게 된다. 우리는 육신의 모태인 토양과 더불어 살아가면서 토양에서 새로운 생명체가 태어나고, 또 토양에 의하여 그 생명체가 자라나는 모습들을 직접 체험하고 있다. 그러면서 토양이 만들어내는 꽃을 보고 그 아름다움에 감탄하며, 그 열매의 달콤함에 감사하는 마음을 가진다.

토양은 우리의 고향이며 우리 삶의 터전이다. 그런데 언제부터인가 우리 삶의 뿌리가 흔들리기 시작하여, 토양을 목숨처럼 아끼고 지켜 왔던 농부마저 스스로 자신의 고향을 떠날 궁리만 하게 되었다.

오늘날 '아스팔트'와 '콘크리트' 위에서만 살아가고 있는 도시민에게는 토양에서 생명이 태어났다는 사실은 한낱 동화 속의 이야기에 지나지 않으며, 토양이 키워 온 식물이 선사하는 산소의 고마움을 정작 느끼지도 못한다.

석유나 석탄과 같은 화석연료가 연소할 때 발생하는 탄산가스는 결국 식물이 광합성을 통하여 그들의 몸 속에 다시 저장해 주기 때문에 지구의 온실화를 억제할 수 있는 것이다. 그러나 우리는 토양과 식물의 이와 같은 수고로움은 상상도 하지 못하는 듯 모든 것을 눈앞의 얄팍한 계산으로만 따지고 있지 않은가.

황량한 겨울 들판에 파랗게 자란 보리를 보는 것은 지폐의 두께만으로는 가늠할 수 없는 우리의 즐거움이다. 보리를 재배하면 농민들은 오히려 경제적으로 손해를 입게 되고, 정부 또한 적자농정(赤字農政)이 심해진다니, 근래에 와서는 보리재배 그 자체를 농민이나 정부가 서로 달가워하지 않는 것 같다.

나와 내 자손의 영원하고 안락한 삶을 확보하기 위하여 토양을 깨끗이 보존해야 하리라 다짐하며, 11월 11일을 '흙의 날'로 제정하여 그 날 하루만이라도 흙의 고마움을 되새겼으면 한다.

그러나 보리가 자라는 동안 생산한 산소의 총량을 금전으로 환산하면 수확한 보리쌀의 가격보다 수십 배나 높으며, 대기 중의 탄산가스를 광합성하여 식물체로 만들어서 보관하는 양을 지폐로 따지면 그 또한 보리값의 수십 배를 넘어선다.

이와 같이 값진 일을 도맡아 해 주는 식물을 토양이 길러 준다. 그러나 인간은 이러한 토양의 수고로움에 고마워하기는커녕, 수많은 자동차와 공장 굴뚝으로부터 유독가스와 분진들을 뿜어내어 토양을 오염시켜 병들게 하고 있다. 어디 그뿐인가, 도시하수와 산업체에서 쏟아내는 폐수 역시 수질을 오염시키고, 이것은 또다시 토양에 유입되어 토양을 온통 오염투성이로 만들고 있지 않은가?

대기오염이나 수질오염이 직접적 공해라면 토양오염은 간접공해이다. 그러므로 중언부언하지만 토양이 오염되어도 우리가 그 오염으로 인한 직접적인 피해를 곧바로 느끼지 못한다. 이와 같이 간접공해이기 때문에 토양오염은 대수롭지 않은 것으로 치부해 버리고 만다. 실제로 오염된 토양에서 자란 식물을 동물이나 인간이 섭취하여 중독되었을 때, 그 정도에 따라 중독 증상이 나타나기 때문에 토양오염은 더욱 무서운 것이다.

우리들은 남녀노소 어느 누구를 막론하고 정도에 차이는 있을지 모르지만 얼마만큼은 토양과 고향에 대한 사랑을 가슴으로 느끼고 있다. 아니 그보다 더 깊게 피 속에 간직하고 있다. 그러한 토양을 평소에는 그냥 잊고 지냈을지라도 일년 중 단 하루만이라도 다시 찾아보고 토양의 고마움을 되새기는 날로 정해야 하겠다.

'어린이 날', '어버이 날'을 비롯하여 '이의 날', '눈의 날' 등 우리에게 소중한 것을 지키고 보존하기 위해 특별한 의미를 부여하여 지정해 둔 날들이 적지 않다. 이런 날들을 보낼 때마다 비록 '물의 날'이 제정되긴 했지만 보다 근원적인 것에는 너무 무관심하다는 자책감마저 들었다.

나와 내 자손의 영원하고 안락한 삶을 확보하기 위하여 토양을 깨끗이 보존해야 하리라 다짐하며, 11월 11일을 '흙의 날'로 제정하여 그 날 하루만이라도 흙의 고마움을 되새겼으면 한다. '11'이란 글자를 한자(漢字)로 내려쓰면 토(土)자가 되고, 11월 11일은 토(土)자가 겹치는 날이기에 그 묘미를 살려 흙의 날로 제정하기를 주장해 본다.

매년 11월은 추수도 끝이 나는 때이다. 봄과 여름 동안 변화 많았던 들판이 이젠 한 점 가린 것 없이 적나라하게 알몸을 드러내고 있는 때이다. 또 신에게 추수를 감사하며 다음 영농을 위해 잠시 틈을 낼 여유가 있는 때이기도 하다.

토양의 참모습을 관찰하기 가장 알맞은 이 때에 단 하루만이라도 살아 숨쉬는 토양을 들여다보면서 어떻게 하면 이 토양이 생기를 잃지 않을 수 있을까를 생각하는 날로 정해야 할 것이다. 그리고 토양을 훼손하는 행위가 얼마나 큰 죄악인가를 반성하는 계기로 삼는 하루가 되었으면 한다.

3

천의 얼굴을 가진 토양

천의 얼굴을 가진 토양

이른 봄날이면 집집마다 손바닥만한 앞뜰이지만 꽃씨를 뿌리고 어린 묘목을 심기 위해 고사리 손까지 어울려서 호미로 흙을 파헤치는 정겨운 모습을 쉽게 볼 수 있다.

봉숭아, 채송화, 목단, 철쭉과 장미 그 어느 것이나 파헤친 흙에 당연하다는 듯이 아무 거리낌 없이 주저하지 않고 심는다. 씨앗에서 싹이 트고 꽃나무로 잘 자라서 꽃을 예쁘게 피우거나, 묘목이 건강하게 쑥쑥 자라 준다면 다행이지만 그렇지 않은 경우 또한 너무나 흔하다. 그럴 때면 우리는 불량품을 팔았다고 꽃집이나 묘목상을 쉽게 원망하게 마련이다. 그러나 그 실패를 어디 꽃집만의 잘못으로 속단(速斷)

이른 봄날이면 집집마다 손바닥만한 앞뜰이지만 꽃씨를 뿌리고 어린 묘목을 심기 위해 고사리 손까지
어울려서 호미로 흙을 파헤치는 정겨운 모습을 쉽게 볼 수 있다.

할 일일런지…….

토양은 단순히 암석이 부서져 생긴 균일한 존재가 아니다. 토양은 사람의 얼굴만큼이나 다양하고 각각의 개성과 특징을 지니고 있다. 그래서 일본의 토양학자 구마다(熊田) 씨는 토양을 사람의 얼굴에 비유하여 분류하기도 했다. 길쭉하거나 둥근 얼굴, 검거나 붉은 얼굴처럼 토양은 검기도 하고 누렇기도 하며 깊기도 하고 얕기도 하다.

이와 같이 장소가 달라지면 서로 다른 토양이 존재한다는 사실을 알게 된 것은 농경을 시작하면서부터였다. 그러던 것이 약 4천 년 전에는 토양을 색과 구조에 따라 분류하였으니 중국에서 있었던 일이다. 약 300년 전에 나온 『대지』라는 책에서는 토양을 약 1만 8천 종으로까지 세분하고 있다.

그런데 토양학이 지질학에서 독립하여 새로운 학문으로 자리 매김

하고 본격적으로 연구하게 된 것은 겨우 100년 정도밖에 되지 않는다. 그러나 이제는 이 학문에도 새로운 첨단 과학기기를 활용하여 연구하게 되었다.

그런 까닭에 토양의 종류는 상상을 초월할 만큼 많아지고 다양해지게 되었다. 사람의 경우에서 알 수 있듯이 아무리 꼭 닮은 일란성 쌍둥이라 할지라도 발톱 길이가 달라도 다른 부분이 있는 것처럼 토양 역시 아무리 같아 보일지라도 똑같은 토양은 절대로 존재하지 않는다.

그러면 토양을 왜 분류하게 되었을까?

옛날에는 장원(莊園)의 지주들과 군주들은 토지에서 나는 생산물의 수확량에 따라 소작료를 징수하고 세금을 부과하였다. 그러기 위해서는 생산성이 높은 토지와 낮은 토지를 구분할 필요가 있었던 것이다.

그러나 지주와 군주들은 토양이 갖는 최대 생산능력에만 관심이 있었을 뿐이었다. 이러한 비논리적 관심 때문에 해를 거듭할수록 소작료와 세금이 점차로 더 높아지게 되어, 흙으로 살아가는 소작농과 백성의 삶이 점점 고달프게 되었다. 한 번 오른 소작료는 내리는 경우는 없었으니 말이다.

토양은 언제까지나 변하지 않는 불변의 무생물이 아니고, 항상 변화하며 살아 있는 생명체의 덩어리인 것을 그들은 알지 못했다. 금년에는 일급지(一級地)일지라도 내년에는 2, 3급지로 생산 등급이 바뀔 수 있는 것이 토양의 속성이다.

이러한 지식이 부족하였기 때문에 세금과 소작료 징수에는 항상 분쟁이 끊이지 않았고, 그 결과로 농민혁명이 일어나서 역사를 바꾸어 놓기도 하였다. 이와 같이 토양은 역사의 영고성쇠와도 끊을 수 없는 깊은 관계를 맺고 있다.

근대에 이르러서는 토양을 국가의 귀중한 자원으로서 인식하게 되었고, 이것을 효율적으로 이용하기 위해 많은 국가에서는 막대한 예산과 장비를 동원하여 토양 분류 사업을 추진하고 있다.

이와 같은 분류에 가장 기본이 되는 토양의 얼굴은 어떻게 생겼을까.

토양을 표면으로부터 암석이 나올 때까지 수직으로 깊이 파 내려 갔을 때 나타나는 수직의 표면을 '토양 단면(土壤斷面)'이라고 하는데, 이것이 바로 토양을 분류하는 기본이 되는 얼굴이며, 토양의 과거를 기록한 일기장이기도 하다.

신언서판(身言書判)으로 사람을 알아 보듯이 숙련된 토양 전문가라면 토양 단면에서 토양의 독특한 개성을 찾아낼 수 있다.

대부분의 토양 단면은 적어도 3개의 층위(띠)를 갖추고 있다. 검은색을 띠는 맨위층(A), 짙은색의 중간층(B), 암석이 부서진 아래층(C)으로 구분할 수 있으나, 이 층위들은 다시 상세하게 세분할 수도 있다.

A층은 촉촉하고 보드라운 촉감을 준다. 여기엔 나뭇잎이나 풀뿌리가 썩은 물질이 섞여 있어서 검은색을 띤다. 또 대부분의 토양 생물과 식물뿌리가 분포되어 있다. 살아서 활발히 움직이는 층이다.

B층은 짙은색의 촘촘한 층이며, 아이들의 얼굴에 난 주근깨 같은 반점이 많이 있다. A와 B의 두 층이 바로 본래의 토양층이라고 한다. 한편 C층은 암석의 파편으로 되어 있으며 곧 토양을 만들고자 창고에 쌓아 둔 재료의 역할을 하는 층이다. 간혹 식물의 큰 뿌리가 뻗어 내려가기도 하지만 거의 생물이 없는 층이다.

이 세 가지 층위의 두께와 배열된 모양에 따라 토양의 얼굴 모습이 결정된다. 이 얼굴과 층위를 면밀히 분석하면 토양이 발달해 온 과거를 알게 되고 또 발전해 갈 미래를 예측할 수도 있다.

토양 속에는 그 토양에서만 살아가는 생물이 있다. 그러니까 토양의 종류가 많은 만큼 그 안에 서식하고 있는 생물 또한 다양하다. 마치 한국의 토양에는 한국인이 살고, 한국의 잡초와 나무 등의 무수한 토종이 살고 있듯이, 미국의 토양에는 미국인과 미국의 토종이 살고 있는 것과 같다.

그런데 우리는 이처럼 다양한 개성이 있는 토양에 온갖 쓰레기와 독극물을 버려 생물이 살 수 없는 온통 죽음의 불모지 하나만을 만들어 가고 있지 않은가.

흙의 표정

봄나들이를 다녀온 피로가 채 가시지도 않았는데, 긴 팔 와이셔츠가 거추장스러워지고 나뭇가지는 벌써 잎들에 덮여 녹음이 짙어졌다. 들녘엔 보리 익는 냄새가 하루가 다르게 짙어지고 있다. 요란스럽도록 지저귀던 노고지리마저도 '지금은 봄'이라고 더 이상 떠벌릴 수가 없는지 조용히 입문을 닫고 보리밭 속으로 숨어 버렸다. 멀리서 소쩍새 소리가 구성지게 들려 올 무렵이면 농촌에서는 세 살짜리 고사리손도 아쉽다는 모내기 철로 접어든다.

겨우내 얼어붙었던 딱딱한 땅을 뚫고 파릇파릇한 보드라운 새싹이 돋아나면 모두들 이러한 자연의 조화와 새 생명의 발랄함에 놀라움 가득한 찬사를 보내고, 봄볕을 타고 실바람에 팔랑이는 연두빛 잎새들과 크고 작은 꽃망울에 취하여 정신이 몽롱해진다.

그러나 씨앗이 싹트고 또 자라도록 정성을 다하고 있는 토양에는 눈꼽만한 관심조차 보이지 않는다. 과연 우리는 흙의 존재 가치를 그토록 무시해도 될 것인지?

관심 없이 살아가는 사람들에게는 흙이란 표정도 움직임도 없으며, 단지 옷을 더럽히고 먼지를 일으키며, 비오는 날에는 신발에 묻고 흙탕물이나 만드는 귀찮은 존재로밖에 보이지 않을 것이다.

자연계에서는 암석이 오랜 세월을 지나면서 깨어져 흙이 되고, 그 흙은 또다시 기나긴 여정을 거쳐 다시 암석이 되는 끝없는 순환을 계속하고 있다. 이와 같은 긴 여로에서 흙은 생명을 싹트게 하고, 생물을 키워 왔으며, 태어난 생명체가 삶을 마무리한 후에도 태어난 근원으로 되돌아갈 수 있는 마지막 안식처까지 제공하고 있다.

흙이 있었기에 싹이 나서 꽃이 피었고, 흙의 힘으로 열매가 맺었건만 꽃과 열매에 현혹되어 그들을 있게 한 흙의 고마움은 느끼지 못한다. 잎이 무성한 날에는 잎에 핑계를 대고, 꽃이 만발하면 꽃의 화려함에 얼을 빼앗기고 만다. 그리고 열매가 탐스럽게 익어 갈 때면 이젠 추수할 즐거움에 눈이 멀어 흙에 대한 생각을 할 수 없는 것인지 모른다.

흙은 무뚝뚝하고 움직이지도 않는 무생물로민 보일지 몰라도, 흙의 표정은 나름대로 아주 복잡하고 다양하다. 순국열사의 충절을 간직한 붉은 피가 묻힌 곳엔 핏빛 장미가 피어나고, 젊음을 불태우며 청운의 꿈을 안고 쓰러진 자리에 푸른 꽃들이 자리했다. 그리고 순결을 지키며 결백(潔白)을 외쳤던 이차돈(異次頓)과 최영(崔瑩)의 무덤에는 백설 같은 흰 꽃이 만발하게 되었다면 너무 지나친 표현일까?

뿐만 아니라 흙이 달라지면 그 지역의 인심 역시 따라서 변해 간다. 그러니 흙의 표정이 어떻게 달라지겠는가를 알려면, 그 고장에 살고 있는 인간들의 의식구조가 변해 가는 양상을 조사하여 거꾸로 추

자연계에서는 암석이 오랜 세월을 지나면서 깨어져 흙이 되고, 그 흙은 또다시 기나긴 여정을 거쳐 다시 암석이 되는 끝없는 순환을 계속하고 있다. 이와 같은 긴 여로에서 흙은 생명을 싹트게 하고, 생물을 키워 왔으며, 태어난 생명체가 삶을 마무리한 후에도 태어난 근원으로 되돌아갈 수 있는 마지막 안식처까지 제공하고 있다.

흙이 있었기에 싹이 나서 꽃이 피었고, 흙의 힘으로 열매가 맺었건만 꽃과 열매에 현혹되어 그들을 있게 한 흙의 고마움은 느끼지 못한다. 잎이 무성한 날에는 잎에 핑계를 대고, 꽃이 만발하면 꽃의 화려함에 얼을 빼앗기고 만다. 그리고 열매가 탐스럽게 익어 갈 때면 이젠 추수할 즐거움에 눈이 멀어 흙에 대한 생각을 할 수 없는 것인지 모른다.

리하여 알아 낼 수도 있을 것이다.

황하 유역에서 문화의 싹을 틔운 중국인들은 흙의 빛깔인 황색을 존중하였고, 나일 강의 범람지인 흑토대(黑土帶)에서 연금술마저 꿈꾸던 이집트 인들은 검은색을 신성시했었다.

이렇듯 흙에 따라 인간의 세시풍속과 성격이 달라지는 것을 일찍부터 알았기에, 중국인들은 흙[土]을 우주만물의 운행을 나타내는 오행(五行)의 중앙에 두지 않았던가? 흙에 대한 옛 사람들의 깊은 사려는 또 한 번 고개를 끄덕이게 한다.

발 빠른 일본인들이 이러한 이치를 놓치지 않는 민첩함을 또 한 번 보여 주었다. 일본 도시에 있는 유치원에서는 원아들에게 1주일에 한 번 이상은 흙을 밟으며 놀 수 있도록 하는 '프로그램'을 교육과정에 꼭 넣도록 의무화하였다. 그렇게 함으로써 자연 속에서의 생활이 가져다주는 안정감을 일찍부터 심어 주고 있다.

흙을 사랑하는 마음이 바로 애국심의 발로임을 너무나 잘 간파한 멀리 볼 줄 아는 교육정책이 아니겠는가?

인공토양

천지의 만물이 우주의 조화(造化)로 인하여 생겨난 자연체인 것과 똑같이 토양도 수천 년의 오랜 풍상 끝에 암석이 부서지고 또 뭉치기를 거듭하여 태어난 자연체이다. 그러니까 토양에는 우주 생성의 오랜 역사가 고스란히 들어 있어, 그 동안의 모든 사연을 기회만 있으면 우리에게 알려주려고 한다.

암장(巖漿) 속의 전설은 물론 암장이 땅거죽을 헤쳐 나온 길이며, 그것이 식어서 바위가 된 사연까지도 토양 속에 간직하고 있다. 그로부터 또한 수천 년 동안 바위는 뀈이고 닳고 하여 흙이 된 설움마저도 가슴 속에 품고 있다.

그것은 어쩌면 한이었고 어쩌면 순명(順命)일지 모르나, 그토록 긴 세월의 에너지를 작고 단단하게 응결시켜 터지지 않도록 틀어 안고 있다. 그러므로 토양은 많은 생명을 탄생시킬 수도 있고, 또 생명을 그대로 유지시킬 충분한 에너지를 갖고 있는 것이다.

자연의 섭리에 따라 생겨난 토양에서 자라는 생물은 그 토양 속에 응결되어 있는 에너지를 그대로 전수(傳受)하여 살아왔고, 또 그 에너지를 얻어 살아갈 것이므로 그 토양의 품성을 고스란히 지니고 있을 것이다.

그러므로 이러한 생물과 더불어 살고 있었을 때는 우리 역시 각박하고 거친 성품들은 아니었다. 자연을 두려워하고 아낄 줄 알았으며, 이웃과 더불어 화목한 사회를 만들어가며 살았다.

그런데 지금은 어떤가?

기하급수적으로 증가하는 인구를 먹여 살려야만 한다는 핑계로 좁은 땅에서 어떻게 해서든지 많은 식량을 생산해야 한다며 화학비료와 농약을 토양에 거침없이 쏟아부은 결과 드디어 토양을 병들어 죽게 하고 있지 않은가?

어디 그뿐인가? 이제는 전천후 농업을 한다고 하면서 천지조화의 신비를 인간의 얄팍한 지혜로써 바꾸고 조절하는 전자동 시설물을 만들고, 그 속에서 인간이 조제한 흙으로 농작물을 재배하고 있다.

흙은 자연의 산물이어야 했거늘, 인간이 자연의 섭리를 역행하며 흙을 조제하고 있다. 어떤 식물이 생육하는데 가장 적합한 조건을 갖춘 흙을 인간의 손으로 여러 물질을 조합하여 만들어낸다. 이런 흙을 '인공토양'이라고도 하고 또는 '인조 흙'이라고도 한다.

상추 재배용 흙, 고추 모종을 육성하는 흙, 볍씨를 발아하여 유묘(幼苗)로 키우는 흙, 토마토·오이 재배용 흙 등등. 이러한 인조 흙에는 분명 자연 토양에 내재되어 있는 역사성이나 자연의 기(氣)가 고스란히 응축된 그 에너지를 갖고 있을 리가 없다.

따라서 이러한 인조 흙에서는 상추와 토마토가 아무리 모양 좋게 잘 자라고 생산량이 많다고 하더라도, 토양의 기(氣)가 빠졌기 때문에 자연 토양에서 자란 것과 그 품질조차 같을 수는 없는 것이다.

우리는 같은 생선이라도 자연산과 양식한 것의 맛이 다르고 따라서 값도 차이가 있음을 상식으로 알고 있다. 산에서 야생으로 자란

도라지와 재배한 도라지의 품질이 같지 않음을 인정한다. 또 설악산이나 지리산에서 채취한 더덕과 비닐 온실에서 자란 더덕 맛이 다르다는 것을 너무도 잘 알고 있다. 그러길래 재배하는 더덕을 가능하면 야생의 것과 비슷하게 만들려고 노력하고 있다.

토양을 한낱 농작물을 생산하는 도구로만 생각하고, 기능이 뛰어난 좋은 도구로 사용하기 위해 인조 흙을 만들고 있다. 이러한 흙은 어디까지나 일회용이다. 그 속에 자연 토양이 품고 있는 역사와 응집된 에너지가 들어 있을 리 없다. 그냥 얄팍한 상혼(商魂)만이 깃들여 있을 뿐이다.

따라서 인조 흙에서 재배한 작물은 그 모양과 색상이 자연 토양에서 자란 것보다 더 반듯하고 선명하다. 그렇다고 그만큼 품질도 좋을까? 영양분을 비롯한 필요한 조건들은 자연의 토양보다 식물에게 당장 유리하도록 만들어낼 수 있을지 몰라도, 자연 토양이 갖는 신비한 마력은 인공으로 만들어 넣을 수가 없을 것이다.

인조 흙에서 자란 농산물이 시장을 석권하고, 그것이 우리의 식탁을 온통 점령하지나 않을까 걱정이다. 그것에 맛을 익힌 세대들이 지구촌을 운영하는 그 날이 오면 이 세상엔 온통 효율과 편의 위주의 생활만 있을 뿐, 인정과 사랑이 넘치는 사회는 기대하기 힘들 것이다.

토양이 달라지면 식생(植生)이 변하고, 식생에 따라 동물상(動物相)이 바뀌어 가는 것을 자연은 섭리로써 우리에게 여러 길로 일러주고 있지 않은가?

우리는 적어도 일회용 인조 흙에 매달리는 인간이 되는 길만은 피해야 할 것이다.

바다 밑의 논 토양

해방이 된 이후로 많은 선거를 치러 왔다. 우리는 그 선거가 있을 때마다 출마자들이 자신이 소속된 정당의 정책과 자신의 정견을 발표하고 설득하기보다는 혈연이나 지연과 학연을 얽어서 '고향에 대한 애정'을 호소하는 경우를 더 많이 보아 왔다.

앞으로 있을 지방자치제 선거에서는 이런 경향이 더 두드러질 것이 예상된다. '고향에 대한 애정' 그것은 고향 산천에 대한 애착을 의미하며, 나아가 고향 흙에 대한 애착을 의미하는 것이다.

흙과 비슷한 말에 땅이란 말이 있고 토지란 말도 있으며 토양이란 단어도 있다. 이 단어들은 모두 분명한 구분 없이 비슷비슷하게 쓰이고 있다.

흙이란 재료의 뜻이 강하게 풍기며, 토양이라 하면 흙을 중심으로 하는 환경 전체의 의미를 내포하고 있으며, 토지란 깊이보다 토양의 표면이 차지하는 범위인 면적을 가리키는 말로서 경제적인 의미를 강하게 나타내고 있다. 땅은 가끔 흙과 혼동하여 쓰이지만 토지의 의미로 쓰일 때가 많은 용어이다.

그러나 영어로는 구별이 더욱 확연해진다. 땅은 'Land', 흙은 'Earth', 부지(敷地) 또는 대지(垈地)는 'Lot'로 표시하며 토양은 'Soil'로 나타내나 토지는 'land area'로 많이 쓴다.

그러나 정치 후보자들이 말하는 '고향땅' 그것은 고향 사람들의 명줄을 이어 온 고향의 흙을 의미하는 것이리라. 정치가와 마찬가지로 문필가들도 흙에 대해 많은 이야기를 한다. 그들은 주로 흙에 대한 향수와 애정을 노래하지만, 그것이 때로는 독자의 눈물을 강요하는 체루제로 쓰인다. 흙이란 이처럼 정치가나 문필가뿐만 아니라 그것을

밭토양이라면 밭농사를 짓는 농토만을 생각하기 쉬우나, 산속의 토양이나 잡초가 우거진 들녘의 토양은 물론 우리집 뜨락의 토양이 모두 밭토양에 속한다. 그런 의미에서 논토양 역시 벼 심은 논 흙만이 아니고 강이나 호수의 밑바닥에 쌓인 진흙 전부가 논토양이 될 수 있다. 심지어는 바다속 대륙붕 위에 쌓인 퇴적물도 해양식물인 미역과 해초가 자라고 소라·전복·장어와 같은 어패류가 서식하기 때문에 넓은 의미의 '논토양'이다.

이용하는 주체에 따라 그 의미가 조금씩 다르게 나타난다.

건축이나 토목공학자들에게는 토양이란 단순한 암석의 파편으로 '건물의 기초가 될 물질인 기반'에 지나지 않으며, 수리학자에겐 토양이란 '물 저장고'로 보이고, 생태학자에게는 토양은 각종 생물이 다양하게 분포되어 있는 전시장으로 생각될 것이다. 토양을 아끼고 사랑하는 농부들조차도 토양은 단지 작물을 생산하는 기본이 되는 물질로 생산성과 경제성의 대상으로만 여기는 경우가 적지 않다.

그러나 이 모든 이해관계를 떠나서 순수하게 토양의 의미를 생각해 본다면 토양은 과연 어떻게 정의할 수 있을까.

그리스 말로는 토양은 '평평한 마루'란 뜻을 가졌으며, 영어로는 그

외에도 '더럽힌다'는 동사의 뜻을 더 갖기도 한다. 한편 한자를 보면
흙은 평평한 들판에 식물이 자라는 모습을 그린 '토(土)'자로 표현하
고 있다. 그런 의미에서 토양의 진정한 뜻을 가장 적절하게 잘 나타
낸 말은 상형문자인 한자의 '토(土)'라 하겠다.

이처럼 토양이란 암석의 부스러기와 유기물이 혼합된 자연체일 뿐
만 아니라 거기에 생물이 서식하는 물질이다. 즉 생명이 없는 토양이
없고, 토양 없이 생물이 있을 수 없다.

사막의 한가운데 있는 모래더미는 바위의 깨진 부스러기에 지나지
않으나 오아시스에 있는 똑같은 모래는 토양이라고 표현한다. 오아시
스의 모래에는 생물이 살고 있기 때문이다.

이런 의미로 볼 때 우주비행사 암스트롱이 달에서 갖고 온 '먼지와
돌조각'을 '달 토양'이라고 표현한 것은 커다란 오류이다. 달 표면에
월계수나 옥토끼가 살고 있었더라면 '달 토양'이 될 수 있겠으나, 생
명체라고는 찾아볼 수 없는 달은 그대로 죽어 있는 커다란 운석덩이
에 지나지 않기 때문에 '달 토양'이라고 할 수는 없다. 훗날 인간이 달
에 정착하여 거기에 식물을 재배한다면 그 때는 '달 토양'이란 용어를
쓸 수 있을 것이다.

이와 같이 생물이 살고 있는 이 특수한 물질을 토양이라 정의할
때, 모든 토양은 크게 밭토양과 논토양으로 나눌 수 있다. 밭토양은
토양의 맨 윗면이 공기와 접촉하고 있으며, 논토양은 토양 표면이 물
과 경계(境界)를 하고 있는 토양을 의미한다.

밭토양이라면 밭농사를 짓는 농토만을 생각하기 쉬우나, 산속의
토양이나 잡초가 우거진 들녘의 토양은 물론 우리집 뜨락의 토양이
모두 밭토양에 속한다.

그런 의미에서 논토양 역시 벼 심은 논 흙만이 아니고 강이나 호수

의 밑바닥에 쌓인 진흙 전부가 논토양이 될 수 있다. 심지어는 바다 속 대륙붕 위에 쌓인 퇴적물도 해양식물인 미역과 해초가 자라고 소라·전복·장어와 같은 어패류가 서식하기 때문에 넓은 의미의 ‘논토양’이다.

그러나 엠덴 해구(海溝)의 밑바닥처럼 너무 깊은 해저에는 생물이 없기 때문에 아무리 암석의 파편에 해양생물의 유체(遺體)가 섞인 혼합물이라 할지라도 심해생물(深海生物)조차 거기에 없다면 그것은 논토양이라고 할 수 없다.

물 아래 토양이 있고 그 토양이 바로 논토양일진데, 자신의 양심마저 속여 가면서 마구 버린 폐수가 강과 호수의 밑바닥은 물론 바다 밑에 있는 논토양까지도 오염시킬 것이라는 생각을 우리는 잊고 있지는 않는가.

4
흙이 가진 별난 개성

숨막히는 땅 속

　토양을 구성하고 있는 토양 알맹이나 덩어리들 사이에는 틈새기가 생기게 마련이며, 이러한 공간에는 공기 아니면 물이 빈 틈 없이 들어차 있다.

　비가 오거나 관수(灌水)를 하면 토양의 틈 사이로 물이 스며 들어오는 대신 거기에 있던 공기는 물에 밀려 빠져나간다. 그러나 오랫동안 비가 오지 않아 토양이 건조해지면 물이 증발하여 비게 되는 공간에 다시 공기가 들어와 그 자리를 메운다. 이 공기를 '토양공기'라고 하여 대기의 공기와 구분한다.

　토양공기는 대기의 공기가 토양 틈 사이에 들어온 것이기 때문에 대기의 공기와 그 조성에서 별로 다를 바가 없다. 단지 뚜렷하게 다른 것이 있다면 상대습도가 대기보다 높고, 이산화탄소(탄산가스)의 함량이 아주 높다는 것이다.

토양공기의 상대습도는 표토의 가장 윗부분을 제외하고는 거의 100%를 넘는 과포화상태이다. 여름철에 불쾌지수가 높아져서 가만히 앉아만 있어도 저절로 짜증이 나고, 하찮은 일에도 본의 아니게 다른 사람에게 벌컥벌컥 화를 내게 되는 상태일 때가 상대습도 80% 부근이라고 한다.

이런 점을 감안할 때 인간이 만약 토양 속에서만 계속 생활해야 한다면 얼마나 괴로울 것인지 충분히 짐작할 수 있다. 그런 까닭에 예로부터 지하생활의 비참함을 상상하여 '지옥(地獄)'이란 말이 생겨나온 것은 아닐런지-.

또 한 가지, 토양 속의 공기는 대기와는 달리 이산화탄소의 함량이 아주 높다.

대기 중의 이산화탄소의 농도는 평균 0.03%에 지나지 않으나, 토양공기는 이보다 10배 내지 100배 이상 높은 것이 보통이다.

이산화탄소는 일산화탄소와는 딜라서 동물이 호흡하여도 직접적인 독성을 나타내지는 않는다. 그러나 공기 중에 이산화탄소의 함량이 높아지면 그만큼 산소의 함량이 상대적으로 적어지므로, 산소 부족으로 인한 호흡곤란을 일으킬 수는 있다.

이러한 이산화탄소가 토양 속이나 오래 된 우물 밑바닥에 많이 모여 쌓여 있는 이유는 무엇일까? 이유는 간단하다. 이산화탄소가 다른 기체보다 무겁기 때문에 자연히 아래로 가라앉아 낮은 곳인 토양 속에 쌓여 있게 된 것이다. 이렇게 하여 이산화탄소가 숙석뇌어 있는 환경에서 산소 부족으로 호흡곤란을 일으킨 사고가 적지 않다.

이웃 나라 일본에서 대도시의 지하역(地下驛)을 건설할 때의 일이다. 공사장의 제일 아래층 바닥에서 일하던 많은 인부가 한꺼번에 졸도하는 커다란 사고가 일어났다. 처음에는 그 원인을 몰라 무척 당황하였다.

지하 공사장 주위의 토양에 들어 있던 이산화탄소가 깊이 파 내려간 건설현장으로 스며나와서 제일 낮은 곳인 공사장 밑바닥에 많이 모이게 되었다. 이 때문에 공사장의 공기 중에는 상대적으로 산소가 적어져서, 인부들은 호흡장애를 일으키고 질식하는 사고가 일어났던 것이다.

또 오래 된 낡은 우물의 밑바닥을 청소하던 인부가 갑자기 호흡곤란으로 변을 당한 일이며, 바람이 거의 없는 깊은 계곡으로 사냥을 나갔다가 계곡 밑바닥에 깔린 이산화탄소 때문에 서서 걸어가는 키가 큰 사냥꾼은 멀쩡한데 기어가던 사냥개는 질식했다는 이야기는 잘 알려진 일화이다.

이와 같이 토양공기 중에 이산화탄소의 함량이 많아지면 그만큼 산소 농도가 적어지게 된다. 그렇기 때문에 이산화탄소의 농도가 식물 생육에 관여하게 되는 것이다. 식물이 정상적으로 생육하는 데는 토양 중의 이산화탄소의 함량은 직접적인 영향이 거의 없고, 산소의 절대농도가 필요할 뿐이다.

비록 이산화탄소의 함량이 아주 높을지라도 산소의 농도가 어느 수준 이상으로 유지만 되면 식물 생육에는 지장이 없다. 그러므로 식물이 그 기능을 다하기 위해서는 흙 속에 충분한 산소량이 있어야 한다.

과수원 토양의 공기 중에 산소 농도가 3%만 넘어서면 사과나무는 죽지 않고 살아남을 수 있고, 10% 정도면 현재의 뿌리가 생존 가능하다. 그러나 새 뿌리가 생기려면 12% 이상의 산소가 필요하다.

홍수나 범람으로 토양이 오랫동안 물에 잠겨 있게 되면 토양에는 공기가 통하지 않게 된다. 이런 상태가 지속되면 토양 중의 산소를 호기성(好氣性) 미생물이 소모하기 때문에 산소함량이 점점 감소된다. 산소 농도가 2% 이하로 떨어지면 토마토 나무는 거의 죽어버리다시피 된다.

일반적으로 작물이 순조롭게 생육할 수 있으려면 토양 공기 중에 평균 10% 이상의 산소가 있어야 한다. 그런 까닭에 밭에서는 산소 부족으로 인한 피해가 거의 일어나지 않는다.

그러나 논토양이거나 홍수로 인하여 오랫동안 담수(湛水)된 토양은 물 때문에 공기의 공급이 끊어져서 산소 부족 증상이 나타난다. 그리고 아주 드문 경우지만 비닐로 꼭꼭 덮고 퇴비를 많이 시용(施用)한 밭토양에서도 호기성 미생물의 번식과 활동 때문에 토양공기 중의 산소가 급격히 감소되고, 퇴비가 신속히 분해되어 이산화탄소의 함량이 매우 높아지게 된다.

이런 상태에서는 혐기성(嫌氣性) 미생물이 활발하게 활동하게 되므로 토양은 환원 상태로 된다. 이와 같이 토양이 환원되면 토양 속의 각종 성분들도 따라서 환원된다.

이렇게 환원된 성분은 환원되기 전보다 물에 잘 녹는 성질을 갖기 때문에 물에 녹아서 뿌리가 없는 토양의 아래 부분에까지 씻겨 내려가기 때문에 식물이 흡수할 수 없게 된다. 때로는 환원된 성분이 식물에 독성을 나타내기도 한다.

이산화탄소가 토양 공기 중에 많이 들어 있는 또 다른 이유는 식물 뿌리나 토양생물이 호흡할 때 발생하는 이산화탄소와 토양 중의 유기물이 썩으면서 나오는 이산화탄소의 양이 적지 않기 때문이다.

이러한 이산화탄소는 토양의 공간에 들어 있으면서 분압(分壓)이 낮은 부분으로 퍼져 나가면서 이동하게 된다. 토양 중에 커다란 틈새기가 많이 있으면 공기의 이동이 빨라져서 이산화탄소의 농축이 일어나지 않으나, 토양 조직이 치밀하여 이러한 확산 작용이 느려지게 되면 토양 중에 이산화탄소는 축적된다.

이처럼 토양공기의 이동은 큰 틈새기와 밀접한 관계가 있으므로 통기를 원활히 하고자 한다면 땅을 깊이 갈아 밑흙까지 뒤집어 주거나, 토양의 입단화(粒團化)를 촉진시켜 토양 내에 대공극(大孔隙)을 많아지도록 해야 한다. 이렇게 함으로써 공기 유통이 좋아져서 토양공기에 부족하기 쉬운 산소를 충분히 공급할 수 있게 된다.

얼음이 녹아내리는 계절이 되었을 때, 한겨울 동안 밀폐되었던 지하실을 출입하려면 촛불이라도 들고 들어가서 촛불이 꺼지는가를 먼저 살펴, 이산화탄소의 축적으로 일어날 수도 있는 안전사고를 미연에 예방하는 지혜가 필요하다.

흙 속의 물

농사를 짓는다고 하면 우리는 먼저 농토를 생각하고 그 농토에 들어 있는 토양이 어떤 것인가를 걱정하게 된다.

그러나 좋고 나쁘고를 떠나 토양은 없어도 농사를 지을 수 있으나, 막상 물이 없으면 농사짓기란 불가능하다. 이는 토양이 없어도 영양분이 녹아 있는 물에서 재배하는 수경(水耕)이나 양분이 녹아 있는 용액을 안개처럼 작은 물방울로 분무하여 재배하는 분무경(噴霧耕) 등으로 작물의 재배가 가능하지만, 물이 없으면 결코 농사는 불가능

토양은 없어도 농사를 지을 수 있으나, 막상 물이 없으면 농사짓기란 불가능하다. 수경(水耕)이나 분무경(噴霧耕) 등으로 작물의 재배가 가능하지만, 물이 없으면 농사는 불가능하다는 것을 의미한다.

하다는 것을 의미한다.

대부분의 사람들은 관념적으로는 물이 생명의 근원이며, 물이 없으면 생명도 없다고들 표현한다. 그러나 물이 식물 생육에 왜 필요하며, 또 어떤 역할을 하는지는 생각해 보려고도 하지 않는다.

식물이 자라는 데 물이 없어서는 안 될 만큼 물의 역할은 정말 대단하다. 녹색식물은 다른 생물과는 달리 자신이 스스로 에너지를 만들어서 그것을 이용하는 특수한 식물이며, 광합성이 바로 그 수단이다.

물과 탄산가스는 엽록소의 마술에 의해 태양의 열을 받아 탄수화물이 된다. 이 때 물의 성분인 수소가 탄수화물을 구성하여 식물체의 일부가 되며, 이 때 발생하는 산소는 공기를 정화한다.

이런 경우 어떤 식물은 물을 아주 효율적으로 이용하여 적은 물로도 많은 식물체를 만들어 내지만, 어떤 식물은 물을 펑펑 쓰고도 정작 식물체를 만들어 내는 양은 아주 미미하다. 이와 같이 식물에 따라서 식물체를 만드는 데 소모되는 물의 양에는 차이가 크지만, 식물 전체로 볼 때 액체인 물이 평균 600g쯤 소모되어야 겨우 1g의 식물체 건데기(乾物)가 생겨난다.

또 식물체는 물 덩어리라 불러야 할 만큼 그 부피의 9할 이상이 물로 이루어져 있다. 이 물은 세포 속에 들어 있어서 세포벽이 팽팽해지도록 한다. 식물이 자라고 있는 토양 속의 수분이 점점 줄어들면, 식물이 물을 흡수하기 차츰차츰 어려워지므로 물의 흡수량이 적어진다. 이로 인하여 세포 내의 수분량도 감소하여 세포가 쭈그러들게 되므로 식물체는 시들어서 축 늘어지게 된다. 이처럼 물은 식물체를 탱탱하게 하는 팽압(膨壓)을 유지하여 식물체가 제 모습을 갖추도록 한다.

이러한 작용도 중요하지만 그보다 더 큰 물의 작용은 물질을 운반하는 역할이라고 할 수 있다. 물은 토양 속에 들어 있는 비료 성분을 녹여서 식물 뿌리까지 운반한다. 또 뿌리에서 흡수한 성분들을 나무 꼭대기의 잎이나 줄기에 옮겨 주고, 식물의 잎에서 합성된 탄수화물이나 비타민 등을 꽃과 열매에까지 직접 배달하는 수송열차 역할을 한다.

그뿐인가, 물은 식물체의 체온을 일정하게 유지시켜 준다. 물은 열의 유혹에 대해선 지구상에서 가장 대범한 물질이다. 물의 이러한 성질 때문에 9할 이상이 물로 된 식물체는 여름 낮 동안의 태양열에도 쉽게 뜨거워져서 타 죽지 않고, 야간에 기온이 떨어져도 빨리 식어서 냉해를 입지 않는다. 그러므로 일교차가 심한 계절에도 식물은 잘 견딜 수가 있는 것이다.

또 식물의 체온뿐만 아니라 지온(地溫)을 일정하게 유지하는 데에도 물의 영향은 아주 크다. 지온이 낮아지면 토양 내의 화학반응이 늦어져서 풍화작용이 지연되며, 미생물의 생장이 위축되어 유기물의 분해가 잘 일어나지 않고 뿌리의 발육이 약화된다.

반면에 지온이 상승하면 풍화와 유기물 분해가 촉진되며 뿌리의 생장이 왕성해진다. 이와 같이 지온은 식물의 생장에 크게 영향을 준다. 그러므로 식물생육에 좋은 조건이 되도록 지온을 일정하게 유지하여야 식물이 안전하게 생육할 수 있을 것이다.

가을철에 논에다 가능하면 물을 가득 채우는 것은 바로 이런 이유 때문이다. 물이 많으면 뜨거운 낮 동안에도 지온이 빨리 상승하지 않으며, 차가운 밤 기온에도 쉽게 식지 않는다.

사람의 경우에도 기온의 일교차가 10℃ 이상 되면 쉽게 감기에 걸리듯이, 벼가 익는 시기에 지온의 일교차가 10℃ 이상이 되면 벼 알이 영그는 대신에 필요 없는 헛가지를 많이 만든다.

일교차가 커지면 필요 없는 헛가지를 만드는 데 에너지를 소모하게 되므로 원활하게 쓸 알맹이를 민들 에너지를 확보할 수 없이 수확량이 그만큼 떨어진다. 이 때 물 관리를 철저히 하여 지온을 일정하게 잘 유지하면 수확량도 늘고 품질도 좋은 쌀을 생산할 수 있다.

비가 많이 오거나 관개를 한 논과 밭의 토양에는 수분이 많이 들어 있다. 이런 상태에선 토양 중에 공기가 적게 들어 있으므로 산소 함량도 감소되어 토양은 환원 상태로 되기 쉽다.

일반적으로 물질이 환원되면 용해도(溶解度)가 증가하여 물에 잘 녹게 되므로, 환원된 성분은 토양에서 쉽게 용탈되어 비료 성분이 손실된다. 또 유기물은 혐기성 분해를 하여 유화수소(硫化水素)와 같은

식물에 해로운 물질을 생산하므로, 식물 생육에 나쁜 결과를 초래하
기도 한다.

한편 철분이 환원되어 녹아 나오면 철분과 화합하였기 때문에 인
산철로 굳어져서 고정되었던 인산 비료가 녹아 나와 유효태(有效態)
로 바뀌는 유리한 점도 없지 않다. 그런 까닭에 보리를 수확한 다음
후작(後作)으로 벼를 재배하면 인산질 비료를 적게 주어도 벼가 큰
장애 없이 잘 자란다. 보리농사를 위해 뿌려 준 인산비료의 일부가
철분과 결합하여 그대로 남아 있다가, 논 상태로 되면 철분이 환원되
어 용해되므로 철과 단단히 결합되었던 인산이 해리(解離)하여 다시
녹아 나오기 때문이다.

물은 비록 연약한 존재이지만 딱딱한 암석을 부수고 쇳덩어리를
가루로 만드는 저력을 갖고 있으며, 생물에게 꼭 필요한 필수품인 것
은 틀림없다. 늦게나마 '물의 날'이 제정된 것은 다행한 일이다. 이 물
이 만물을 살리는 생명수가 되려면 무엇보다 토양을 깨끗이 보존해
야 함을 결코 잊어서는 안 될 것이다.

산성토양은 쓸모가 없나?

어느 시인은 '사월(四月)은 잔인한 달'이라고 했다. 그러나 토양을
만지는 사람에게는 4월은 마냥 '소생(蘇生)의 달', '희망의 달'이다. 토
양 속에 묻혀 있던 온갖 씨앗이 제각기 긴 겨울잠에서 깨어나 토양을
헤집고 기지개를 켜는 시기이기 때문이다. 또 이맘때면 봄볕에 데워
진 토양이 생명을 일깨우기 위해 가장 숨가쁘게 활동하는 때이기도
하다.

진달래 꽃잎이 너무나 산뜻하고 싱그럽다. 토양이 산성이기 때문이다. 한국의 토양에 견디며
순화(馴化)된 식물이다. 산성에 견디다 보니 산성을 좋아하게 되어 버렸다. 우리 산에 많이 있는 소나무
역시 산성 토양에 맞기 때문에 오늘날 우뚝 남게 된 것이다.

우리 나라의 토양은 대부분 화강암이나 화강편마암(花崗片麻巖)같
이 규산 성분이 많은 암석이 풍화되어 생겨났다. 그렇기 때문에 토양
속에 모래 입자가 많이 들어 있는 모래땅이다. 모래 입자는 알맹이가
비교적 크고 비표면적(比表面積)이 작기 때문에 비료 성분을 흡착하
여 보관하는 보비력(保肥力)이 약하고, 또 물을 보존하는 보수력(保水
力) 또한 매우 작다.

그런 까닭에 모래땅에서는 비료성분이 쉽게 물에 씻겨 도망가므로
양분이 적은 산성토양이 되기 쉽다. 또 공기 유통이 원활하여 산소
공급이 많으므로 유기물의 분해가 빨리 일어나서 토양 중에 유기물
함량이 적어진다. 따라서 토양의 완충력마저 약해져 쉽게 산성토양으
로 변한다. 그런 까닭으로 우리 나라의 토양은 대부분 산성을 띠고

있다.

산성토양이 되면 철이나 알루미늄을 비롯한 중금속들이 많이 녹아 나오게 된다. 이런 환경에선 지렁이와 같은 유익한 토양생물이 이들 금속에 중독되어 살아남기 어려우므로 그 수가 점차 줄어든다. 그뿐만 아니라 미생물의 활성(活性) 또한 약해져서 유기물이 잘 썩지 않게 된다. 따라서 유기물을 넣어 주어도 산성토양에서는 잘 썩지 않고 쌓여 있게만 되니, 비료성분이 모자라 식물이 잘 자라지 않는 경우가 대부분이다.

더욱이 산성으로 철과 알루미늄의 농도가 높아지면, 이것들은 인산과 결합하여 물에 녹지 않는 알루미늄이나 철의 화합물을 만들기 때문에 그러한 토양에는 비록 인산의 총량이 많을지라도 작물에겐 인산 성분의 결핍 증상이 나타난다.

산성토양에는 각종 산(酸)이 많이 들어 있는 것이 특징이다. 이러한 산은 토양 중에 들어 있는 염기(鹽基)를 녹이고 그것이 물에 씻겨 도망가게 한다. 그러므로 토양 중에 산이 많아지면 염기 함량이 줄어들어 토양의 산성화가 점점 심해진다. 일반적으로 이와 같이 하여 생성된 강산성 토양에 식물을 심고 키우면 비료 성분이 부족하여 생육이 나쁘고 수확량도 떨어진다.

많은 사람들이 토양이면 산성이든 알칼리성이든 가리지 않고 모두 같을 것이라고 여기는 데에 문제가 있다. 때로는 오랫동안 농사를 전업으로 이어온 농민까지도 토양이 갖는 특징을 무시하고, 이 토양이든 저 토양이든 가리지 않고 모두 같은 것으로 여긴다. 그렇기 때문에 토양이야 어떤 반응을 보이든 관계하지 않고 심고 싶은 작물을 심어 버린다.

이런 경우 때로는 다행히 성공(?)을 거두는 경우도 있지만 대부분은 만족할 만한 결과를 얻지 못하고 도중에 실패하고 만다. 고추나 토마토는 산성토양을 좋아하지 않는다. 그런데도 산성토양에 고추를 심어서 키우면 아무리 공을 들여 물을 주고 비료를 정성껏 뿌려 주어도 잎은 오그라들고 벌레가 많이 생기며 병이 끊이지 않는다. 이럴 때면 토양이 잘못 되어 있다고 여기지 않고, 그냥 고추 품종이 나쁘다든지 아니면 농약이 맞지 않았다고들 불평한다.

그러나 같은 고추를 중성이나 석회 성분이 많은 알칼리성 토양에 심으면 산성토양에 심어서 들인 노력의 절반만 들여도 고추나무는 활기차게 잘 자라며 끊임없이 꽃을 피우고 열매를 맺는다. 식물이 자라는 데는 토양이 산성이냐 중성이냐 알칼리성이냐 하는 것이 매우 중요하다.

이와 같은 이유로 많은 사람들은 산성토양이라고 하면 아주 못 쓰는 토양으로 판단해 버리기도 한다. 일반적으로 산성토양은 중성토양에 비해 농업적으로 불리한 것은 사실이다. 뿐만 아니라 고추·시금치와 같은 경제작물은 물론 벼·보리와 같은 주곡의 생산에도 산성토양이 늘 문제가 되어 왔기에, 우리 나라에서는 주로 산성토양이면 좋지 않은 토양이라는 인식이 깊숙이 박혀 있다.

그러나 산성토양이 오히려 유리한 경우도 없지 않다. 딸기, 철쭉, 소나무 등은 중성토양보다 산성토양에서 오히려 잘 자란다.

딸기 모종을 정원이나 화분에 심어 두고 석회를 뿌려 주든가 조개 껍질로 주위를 장식하면, 딸기나무에 벌레가 덤비고 병이 생기며 잎과 줄기에 윤기가 없어진다. 작고 형편 없는 꽃이 몇 송이 피지도 않고, 어쩌다 달리는 열매는 작고 기형이 되어 보잘것 없다.

그러나 그런 토양에 식초를 몇 방울 떨어뜨려 주는지 굴이나 사과 껍질을 묻어 주면, 딸기의 새순이 힘차게 뻗어 나오고 흰 꽃이 깨끗하고 곱게 피며 열매도 탐스럽게 열린다. 화분에 심어 놓은 오엽송(五葉松)이나 철쭉나무도 마찬가지다. 석회를 뿌려서 산성토양을 고치기보다 식초를 뿌려 주어 산성토양으로 만들어 주면 잎에서 윤기가 나며 병도 없이 잘 자란다.

이제 봄을 알리는 진달래가 온 산에 붉게 피어날 때이다. 진달래 꽃잎이 너무나 산뜻하고 싱그럽다. 토양이 산성이기 때문이다. 한국의 토양에 견디며 순화(馴化)된 식물이다. 산성에 견디다 보니 산성을 좋아하게 되어 버렸다.

우리 산에 많이 있는 소나무 역시 다른 나무들을 제치고 우리 토양에 맞기 때문에 오늘날 우뚝 남게 된 것이다. 소나무 이외의 나무는 모두 잡목이라 일컬을 만큼 우리 민족은 산에는 소나무라야 한다고 생각들 하고 있다. 우리의 토양이 바로 산성토양이니까······.

흙 속의 건축양식

일제 때 있었던 일이라고 한다. 일본은 우리 나라를 비록 36년밖에 지배하지 못하고 말았지만, 그들의 목표는 우리 나라를 영원토록 지배할 일본의 속국으로 만드는 것이었다. 그렇기에 사람으로서는 할 수 없는 온갖 만행을 저질렀다.

일인 위정자들은 36년 동안 우리 민족을 우민화(愚民化)하기 위하여 한글을 못 쓰게 하고, 창씨개명을 강요하였으며 우리 문화를 말살시키고자 온갖 수단과 방법을 동원하였다. 그 중에는 흙을 이용하여 우리 국민을 우롱한 사례도 들어 있었다.

"일본 땅을 파낸 구덩이를 그 흙으로 다시 메우면 처음보다 더 부풀어 오르지만, 조선 땅을 파낸 구덩이를 그 흙으로 다시 메우면 그 자리가 움푹 꺼져 버린다.”

이러한 자연현상 하나만을 보더라도 숙명적으로 일본은 흥하도록 되어 있으나, 조선은 망하게끔 운명지어졌으니 조선은 마땅히 일본과 합병하여야 된다고 선전했다.

자세히 관찰해 보면 정말 우리 나라 땅은 파서 다시 묻으면 처음보다 꺼지는 경우가 대부분이다. 또 그 당시 우리 국민의 대부분은 농민이었고, 실제로 그러한 경험을 가졌기에 그럴싸하게 여겼을지도 모른다.

토양의 부피가 변하는 단순한 물리적 현상을 교묘하게 이용하여 교활한 일본인 통치자들은 우리 국민의 의식구조를 깡그리 바꾸어 놓으려고 시도하였다.

토양은 그냥 그 표면만 보면 딱딱한 게 틈이 없는 것 같이 보이나 실제로는 그 부피의 반 이상이 텅 빈 공간으로 되어 있다. 보통 밭토양을 한 삽 떠서 자세히 들여다 보면 토양 부피의 절반은 고체 덩어리가 차지하고 나머지 반은 비어 있는 공간임을 알 수 있을 것이다. 이러한 비어 있는 공간의 절반 가량을 물이 차지하고 있으며 물이 없는 나머지 공간에는 공기가 들어 있다. 흙에다 물을 부어 보면 물이 고여 있지 않고 새어나간다. 이것은 틈새가 있다는 확실한 증거이다.

토양의 입자나 흙덩이들 사이에 생긴 틈새기는 토양에 사는 생물에게 갖가지 생활 환경을 제공한다. 그 곳이 바로 토양생물의 생활 터전이며 그들의 집인 것이다. 아주 좁은 틈새기에는 물이 차 있지만, 조금 큰 공간에는 공기도 들어 있다.

점토처럼 아주 삭은 입사들의 덩어리에는 그들 입자와 입자 사이가 마치 명주실처럼 가늘고 좁은 ‘터널’이 구불구불하게 연결되어 있다. 그러나 강과 바닷가의 모래펄에서 경험하여 알 수 있듯이 모래 입자들 사이에 생긴 틈바구니는 비교적 크기 때문에 공기가 가득 들어 있을 뿐 물기가 들어 있을 것이라고 생각할 수 없다.

모래사장의 표면이 바짝 말라 있어 겉으로 보기에는 그 속에 물기라곤 없을 것처럼 보이지만, 손바닥으로 모래를 '톡톡' 두드려 다져 주면 모래 표면까지 물이 스며 올라오는 것을 쉽게 볼 수 있다. 공기가 들어 있던 모래 입자 사이의 큰 공간이 다져지면서 공간이 좁아져 아주 작은 틈새기인 모세관(毛細管)으로 바뀌게 된다. 이 모세관을 따라서 밑에 있던 물이 올라오기 때문이다.

토양의 알맹이는 대부분 특별한 모래땅을 제외하고는 홑알[單粒]로 존재하지 않고 여러 개가 서로 엉켜서 덩어리를 이루고 있다. 이러한 덩어리는 생기는 조건에 따라서 일정하게 특정한 모양을 갖추기도 한다. 이와 같이 토양 알맹이들로 이루어진 일정한 모양의 덩어리가 배치되어 독특한 '건축양식'처럼 보이는 것을 '토양구조'라고 한다.

이와 같은 토양의 알맹이로 만들어 낸 땅 속 '건축물'의 양식은 매우 다양하다. 널빤지처럼 납작하거나 우뚝 솟은 기둥 모양도 있으며, 전후좌우의 구별이 어려운 '뭉텅이'형이 있는가 하면 동글동글한 구슬과 '스펀지' 같은 형태도 있다. 농토에는 구슬과 '스펀지' 같은 형태가 땅 속 '건축물' 양식의 주종을 이루고 있다. 특히 농경지에는 구슬이나 '스펀지' 형의 모양을 하고 있는 덩이[粒團]가 많을수록 유리한 것으로 알려져 있다.

토양 속에 들어 있는 크고 작은 입자들은 석회 성분이 접착제 작용을 하여 서로 뭉쳐진다. 석회는 마치 벽돌집을 지을 때 벽돌과 벽돌을 붙여 주는 시멘트의 역할을 하기 때문에 농토에 석회를 뿌려 주면 입단(粒團)이 많이 생기게 된다.

또한 토양 속에 들어 있는 유기물 역시 좋은 접착제 기능을 가지고 있다. 토양 중에서 유기물이 분해하면 끈적끈적한 당분(糖分)이 생기며, 식물체 속에 들어 있던 밀랍(蜜蠟)과 수지(樹脂) 또한 접착성이 큰 물질이다. 이러한 유기물을 먹고 생육하는 미생물이 분비하는 '껌'과 같은 물질은 다른 어떤 것보다 토양 입자를 쉽게 엉켜붙도록 하는 성질을 지니고 있다. 그렇게 때문에 미생물이 많은 토양에는 '스펀지'나 입단 모양의 흙덩이가 잘 발달되어 있다.

이렇게 만들어진 흙 덩어리는 겉보기는 물 샐 틈이 없어 보이나 그 속에는 작은 틈바구니가 무수히 들어 있다. 또 덩어리와 덩어리 사이에는 커다란 공간이 생기게 되니, 이와 같은 입단(粒團) 덩어리가 많아지면 덩어리 속의 작은 틈새기에는 수분이 들어 있게 된다. 그리고 덩어리와 덩어리 사이에 생긴 큰 공간은 공기가 차지하게 되므로 보수력(保水力)이 커지면서도 공기의 흐름도 원활하게 된다.

일반적으로 모래땅은 배수는 잘 되나 보수력이 약하고, 반면에 점질(粘質) 토양은 보수력이 크지만 투수성(透水性)이 불량하다. 보수력과 투수성이 좋은 특성을 모두 갖추고 있는 입단이 발달된 토양이 농사짓기에 유리한 이유를 이해힐 수 있을 것이다.

토양 입자 사이에 생긴 틈새기의 총부피를 공극량(孔隙量)이라 한다. 치밀하게 다져진 모래땅은 25% 정도만이 공간으로 되어 있으나, 유기물과 점토가 많은 토양은 입단이 잘 발달되면 약 90% 정도가 빈 공간이 되기도 한다. 토양은 마치 풍선처럼 속이 비어 있는 꼴이 된다.

그러니까 토양을 파서 다시 메울 때 부풀거나 꺼지는 현상은 단지 토양 입자가 배열되어 있는 지밀도와 입난의 양에 따라 결정되는 틈새기의 총부피가 달라지기 때문에 생기는 아주 간단한 물리적인 현상에 지나지 않는다.

토양의 틈새기는 땅 속 공간을 위한 환기통 역할을 할 뿐만 아니라, 빗물을 흘려보내는 배수로 역할도 하며 물의 저장고도 된다. 이러한 틈새기의 크기와 부피는 토양에 따라 다를 수 있기 마련인데, 일본인들은 이 사실을 우리 국민을 우민화시키는 방법으로 이용했다니-. 이젠 토양학이 농업에서는 물론 국방 차원에서도 필수과목이 되어야 할 것만 같다.

땅 속을 얽고 있는 물길

땅에다 청진기를 대고 조용히 들어 보면, 땅 속에서도 쉬지 않고 물이 흐르고 있는 소리가 들린다. 땅 속에도 사면 팔방으로 터널이 뻗쳐 서로 연결되어 있으며, 그것을 물길 삼아 물이 계속 이동하고 있기 때문이다.

이와 같이 토양 중의 터널을 따라서 이동하고 있는 물을 토양수분 또는 토양용액이라 한다. 토양수분 중에서 특히 머리카락처럼 가늘고 긴 터널에 들어 있는 물을 모세관수(毛細管水)라 하며, 이 수분이야말로 식물이 흡수하여 이용하는 바로 유효 수분(有效水分)이다.

이러한 토양수분에는 각종 비료 성분이 녹아 있는데, 그 농도가 식물의 생육과 깊은 관계를 갖는다. 토양수분에 녹아 있는 비료 성분의 총농도가 100PPM 이하이면 거기에 자라는 식물에는 비료 결핍 증상이 나타난다. 반면에 2000PPM 이상이면 식물이 말라 죽는 염해(鹽害)를 일으킨다. 이것은 토양 수분에 비료 성분이 너무 많이 녹아 있으면 오히려 식물에 해로운 결과를 가져온다는 뜻이다.

온실과 비닐하우스는 물론 논밭에 작물을 심을 때는 그 때마다 토양검정(土壤檢定)을 하여 그 작물에 알맞은 비료량을 시비(施肥)하여야 한다. 그러나 대부분의 농민은 그렇게 하지 않고, 다음 작물이 요구하는 추천(推薦) 시비량을 아무 생각 없이 그대로 믿고 시비하고 있다.

그러므로 토양에는 전번 작물이 흡수하고 남은 비료가 들어 있다. 그러나 잔류 비료량을 완전히 무시하고, 이번에 재배하려는 작물을 위한 추천량만큼을 또다시 시비하게 되므로, 결국 토양 속의 비료량은 작물의 요구량을 초과하게 된다. 이와 같이 하여 과잉의 비료는 토양 속에 남아서 계속 축적된다. 결국 토양에는 비료 성분이 너무 많아서 작물에 염해를 일으킨다.

또 오염이 심한 산업폐수를 관개수(灌漑水)로 계속 이용할 경우에도 염해를 일으킨다. 한편 적당량의 비료를 시비하였을지라도, 가뭄으로 토양수분이 아주 적어지면 물에 녹아 있는 비료의 농도가 진해져서 염해가 일어난다. 이런 경우에는 물을 충분히 관수(灌水)하여 비료 농도를 희석해 주면 원기를 되찾아 정상 생육을 할 수 있을 것이다.

토양에 물을 공급해 주는 천연 공급원으로는 하늘에서 내리는 강우(降雨)와 땅 밑에서 젖어 올라오는 지하수가 있다. 땅 위로 떨어지는 빗물의 대부분은 증발되어 날아가고 일부는 지표수로 흘러가 버리기 때문에, 극히 적은 양의 수분만이 토양 속으로 스며든다. 땅 속으로 스며든 물의 일부분은 토양의 공극(孔隙)에 남아 토양수분이 되지만 나머지는 흘러 내려가서 지하수가 된다.

강우량이 적은 반건조(半乾燥) 지역에서는 토양 중에 잔류하는 수분을 저장하여 작물을 재배하기도 한다. 미국의 반건조 지역에는 연중 강우량이 700mm 정도이다. 그러나 이 곳에서 많이 재배되고 있는 밀이 정상 생육을 하려면 최소한 1,000mm 이상의 강우량이 필요하다. 그렇기 때문에 연간 강우량 700mm로는 물이 부족하여 같은 밭에서 매년 밀을 재배할 수가 없는 것이다.

그래서 그 곳 농민들은 자기 농토를 두 쪽으로 나누어 한 해씩 걸러 가면서 반 쪽의 밭에만 밀을 재배하고 있다. 즉 반쪽은 밀을 심지 않고 그대로 묵혀서 700mm의 빗물을 그대로 땅 속에 저장해 두었다가 그 이듬해에 내릴 700mm의 강우량과 합쳐서 밀을 재배한다. 그러므로 그 해 밀을 수확한 밭에는 토양수(土壤水)가 거의 소진되었으므로, 한 해 동안 밀을 심지 않고 땅을 놀리면서 빗물만을 저장한다.

빗물이 토양 속으로 스며들 때 토양의 틈새기가 크면 채 위에 부은 물처럼 물은 빠르게 토양을 통과한다. 이러한 물은 식물이 흡수할 수도 없을 뿐만 아니라 물에 녹기 쉬운 비료 성분은 물론 작은 점토 알맹이까지 함께 동행한다. 토양으로서는 너무 큰 손실이기 때문에 토양 관리면에서 이와 같은 물의 이동은 가능한 한 일어나지 않도록 억제해야 한다.

우리 나라의 논에서는 여름철이면 하루에 논물이 2~3cm 정도쯤 줄어든다. 논의 표면에서 증발하거나, 벼가 물을 흡수하여 증산(蒸散)시키거나 땅 속으로 스며 들어가기 때문이다. 논의 물 깊이는 약 20cm 정도이기 때문에 한여름엔 일주일 정도만 가물면 논바닥이 드러나게 되고, 열흘만 비가 오지 않으면 논바닥이 갈라지게 된다. 그러므로 열흘 이상 비가 오지 않는 여름이라면, 천수답(天水畓)에서는 쌀알을 수확할 수 없을 것이다.

한편 토양 속에 물이 적어지면 토양 입자를 둘러싼 물막[水膜]의 두께가 얇아진다. 이 막의 연결을 통해 다음 입자로 물이 이동하는데,

그 속도는 아주 느리다. 이와 같이 모세관의 물막으로 물이 이동하는 속도를 조사해 보기 위한 실험에서 완전히 젖은 흙덩이에 붙여 둔 완전히 마른 흙덩이가 두께 10cm 젖어드는 데 약 45일 정도가 걸렸다.

그러므로 식물 뿌리는 이처럼 느리게 움직이는 수분을 가만히 제자리에서 기다리고만 있다가는 목(?)이 말라 죽을 수밖에 없게 될 것이다. 따라서 식물들은 될 수 있는 대로 잔뿌리를 많이 내어 흙 속의 물을 찾아나선다. 각설탕 크기 만한 흙덩이 속에 뿌리가 7천 번 이상이나 지나갈 정도로 토양의 구석구석까지 파고들어 그 곳에 있는 물을 흡수한다.

수증기 또한 토양수분을 이동시키는 수단이 된다. 식물 뿌리가 아무리 효율적으로 물을 흡수하여도 상당량의 수분은 토양에 남아 있게 된다. 그러나 수증기로 수분이 이동을 계속하면 토양수분은 거의 없어지게 된다. 때로는 땅 속의 수증기가 표토(表土) 부근까지 올라와서 찬 공기와 만나면, 물방울이 되기도 하지만 대부분은 증발되어 날아가 버린다.

그러므로 토양수분을 보존하기 위해서는 수분 증발을 억제하는 수단을 쓰지 않을 수 없다. 토양 표면에 짚을 덮거나 종이 모자를 씌워 그늘을 만들기도 하고, 비닐막을 피복(被覆)하는 것은 이러한 이유 때문이다. 수증기의 흩어짐을 방지함으로써 상대습도를 높여 다른 증발을 줄이기 위함이다.

밭 표면의 표토를 얇게 긁어 주는 것도 잘 알려진, 증발을 억제하는 방법이다. 심토(心土)에서 모세관을 타고 표토로 올라오는 모세관의 물줄기를 끊어 버리게 되므로 물의 이동이 그 자리에 멈추게 되고, 또 부서진 윗흙이 그늘을 만들어 주기 때문에 증발이 적어진다.

남구만(南九萬)의 시조(時調)에 묘사된 "재넘어 사래 긴 밭을 언제

갈려 하느냐"의 밭갈이와 한여름 땡볕 아래에서 아낙네들이 줄지어 호미로 밭고랑을 매는 이유가 바로 한 방울이라도 토양 속의 물을 보존하려는 정성일 줄이야-.

석회의 재주

토양이 산성인가 아니면 알칼리성인가를 나타내는 반응을 토양반응(土壤反應)이라 하고 흔히 pH 값으로 나타낸다. pH 값이 7이면 중성이고 이보다 작으면 산성이며, 그 값이 작아지면 작아질수록 산성이 강해진다. 반면에 pH 값이 7보다 크면 알칼리성이라 하며 그 값이 커질수록 알칼리성이 강해진다.

토양반응에 따라 토양 중에 들어 있는 각종 비료 성분이 물에 녹아나오는 정도가 달라지기 때문에 식물이 자라는 데 이 토양반응은 아주 중요하다. 대부분의 식물은 중성 부근의 토양에서 잘 자란다. 그러나 철쭉이나 딸기처럼 산성토양에서 오히려 잘 자라는 식물이 있고, 알칼리성 토양을 좋아하는 식물 또한 적지 않다. 알칼리성에서 잘 자라는 식물을 호석회성(好石灰性) 식물이라 하는데, 상추나 고추와 같은 경제작물과 알팔파나 클로버 등의 목초(牧草)가 여기에 속한다.

우리의 주곡인 벼는 한국 농촌의 가난한 집 맏며느리와 같은 식물이다. 궂은 일이나 괴로운 일이 있어도 잘 참고 견디는 맏며느리처럼 벼는 자신이 자라고 있는 토양이 산성이든 알칼리성이든 크게 가리지 않고 잘 견디며 자란다.

그렇기 때문에 우리의 농업기술이 빨리 발달하지 못했다고도 할 수 있을 것이다. 벼가 토양반응에 민감하게 반응하여 쉽게 죽거나 시들었다면, 그 반응에 맞추어 조심스럽게 연구하면서 농사를 지어야 했을 것이고, 그만큼 농업기술은 발달했을 것이다. 그렇지 않았다면 벼 대신에 재배하기가 쉬운 다른 작물이 우리의 주작물로 선택되었을 것이다.

서양에서는 보리농사보다 밀농사를 택했다. 밀은 산성토양에 비교적 잘 견디지만 보리는 산성토양에 매우 약하다. 그렇기 때문에 밀밭에 보리를 심으면 거의 실패한다.

70년대 중반에는 농과 대학생들이 농촌에 나가 농촌생활을 직접 체험하면서 실습을 하도록 현장실습이란 것이 제도화되어 있었다. 낙동강변에 위치한 경북 달성군 하빈면 현내동에 경북대 농대 학생들이 실습하러 나가 있었기 때문에 현장지도를 하러 그 곳엘 갔다.

강변에 펼쳐진 밀밭에서 키를 넘는 밀들이 강바람을 타고 파도처럼 흔들리고 있는 모습은 너무나 낭만적이었다. 밀 재배가 비교적 많은 고장이었다.

그 마을 청년인 농고 출신의 박(朴)씨가 들려준 얘기가 흥미로웠다. 그 마을과 인근에는 밀밭이 아주 많았다. 밀농사를 아무리 잘 하여도 보리만큼의 수익이 없었으나, 그렇다고 밀밭에 보리를 심으면 밀농사보다 오히려 수익이 낮았다. 그러니 대를 이어가며 밀농사를 지을 수밖에 다른 방도가 없었다.

그런데 한 번은 박씨가 자신의 밀밭에 석회를 뿌리고 보리를 심어 보았더니 보리농사가 훌륭히 되었다. 그 후 박씨는 자신의 밀밭에 석회를 뿌려서 모두 보리밭으로 바꾸었다. 마을 친구들이 이상히 여기고 그 비결(秘訣)을 끈질기게 묻기에 술 좌석에서 "밀밭에 석회를 뿌리면 된다"고 알토란 같은 비밀을 그만 실토하고 말았다.

그 때까지만 하여도 논밭에 석회를 뿌려서 산성토양을 개량하라고 정부가 아무리 권장하고 설득하여도 농민들은 그말을 들으려고도 하지 않았다. 석회 시용(施用)을 권장하기 위해 농협에서는 요소(尿素) 비료에 석회를 끼워 팔기까지 했다. 그러나 석회비료 포대는 원망의 상징처럼 논밭 언저리에 이리저리 널려 있었고, 농정(農政)을 비난하는 커다란 목표물이 되었다.

그런 석회를 박씨는 공짜로 주워 모아 밀밭을 보리밭으로 둔갑시켰던 것이다. 술김에 내뱉은 비밀 때문에 그 마을의 석회는 물론 인근 마을에 있던 석회까지 바닥이 나서, 나중에는 현금을 주고 석회를 구입하려고 해도 구할 수 없게까지 되었다. 현내동에는 밀밭이 점차 사라지고 보리밭이 그만큼 늘어났다. 그러나 그 비밀을 모르는 농가에서는 계속 밀을 재배하고 있었다.

산성토양은 석회를 뿌려 거의 중성에 가깝게까지 개량해 놓아야 좋은 농토 구실을 한다. 석회를 뿌릴 때는 한 번쯤 토양검정을 하여 필요한 석회량을 알아낸 다음 전량(全量)을 한꺼번에 주지 말고 조금씩 여러 번으로 나누어서 토양과 골고루 잘 섞어 주어야 한다.

지리산 북녘 기슭에서 있었던 석회 시용에 얽힌 이야기가 있다. 산자락을 개간한 다음, 책에 씌어 있는 대로 충분한 석회를 뿌리고 보리를 심었다. 그런데 이게 웬일인가? 60년대 우리 나라 시골에서 흔히 볼 수 있었던 남자 아이들 머리에 난 버짐처럼 보리밭 군데군데에 보리가 말라 죽었다. 병인가 하고 꼼꼼히 조사해 보았더니 병 때문에 생긴 것은 분명 아니었다.

산성토양을 고치고자 석회를 뿌리긴 했어도 석회를 골고루 섞어 주지 않았기 때문에 석회가 적었던 부분에 심은 보리는 강산성을 이기지 못해 말라 죽게 되었던 것이다. 그 후 보리가 죽었던 자리에 석회를 뿌렸더니 보리가 쑥쑥 잘 자랐다.

석회가 부족한 산성토양에서는 시금치의 잎 끝이 갈색으로 변하면서 마른다. 대두(大豆) 콩이나 사료작물과 같은 콩과 식물은 그 식물의 뿌리에 붙어 사는 미생물인 질소고정균(窒素固定菌)이 공기 중의 질소를 고정(固定)하여 비료로 만들어 주기 때문에 질소비료를 적게 주어도 잘 자란다. 이 미생물은 산성토양에서는 살아남지 못하므로 질소고정을 할 수 없기 때문에 산성토양에서는 질소 비료의 부족으로 콩의 생육이 나빠진다.

반면에 토양에 석회가 너무 많으면 인산이 석회와 결합하여 인산석회가 된다. 이것은 물에 녹지 않는 화합물이므로 식물이 이를 흡수할 수 없어 인산이 부족한 토양처럼 인산 결핍 증상이 생긴다. 또한 붕소(硼素)와 같은 미량(微量) 요소의 결핍 증상이 나타나서 열매가 알차지 않고 쭉정이가 생기며, 배추 속이 물러 빠지기도 한다.

이처럼 토양은 그 상황에 따라서 토양반응을 비롯하여 보수력(保水力), 보비력(保肥力) 등 여러 가지 성질에 차이를 보여 준다. 나무 한 그루, 꽃 한 포기라도 바르게 키워 보려면 아무 땅에나 씨앗을 뿌릴 것이 아니라 그 식물에 맞는 토양인지 먼저 살피는 마음가짐이 필요하다.

경운(耕耘)의 이유

세계인의 이목을 집중시켰던 중동의 걸프 전을 첨단과학의 전쟁이라고 부를 만큼 요즈음 과학이란 용어가 부쩍 자주 쓰이고 있다.

과학의 '과'자는 한자로는 '科'로 쓴다. 이것을 풀어 보면 벼화(禾)자와 말두(斗) 자로 되어 있다. 즉 과학이란 볍씨 한 알을 심어서 한

농사는 먼저 토양을 갈아엎는 일에서부터 시작된다. 이러한 행동을 '땅을 간다'거나 '경운(耕耘)한다'고 한다.

말의 벼를 수확하는 학문이란 뜻이다.

원시시대에는 먹을 것을 찾아 이리저리 헤메고 다녔다. 이와 같이 나날은 늘 불안하고 허기진 생활의 연속이었다. 이러한 상황에서 작물을 재배하여 식량을 안전하게 얻을 수 있게 된 재배농업이 시작되었을 때에는 농업 이상의 기술이나 학문이 없었을 것이다. 그런 탓뿐일까마는 과학은 농업에서 그 근원을 찾아야 한다는 뜻이 함축되어 있다.

농업은 영어로 'Agriculture'라고 하며, 이는 흙(Agri)을 부드럽고 좋게 가꾼다(culture)는 것을 의미한다. culture는 라틴어의 colere에서 유래했으며 '삽으로 갈아엎다'라는 의미를 갖는다. 즉 '과학'이란 '농업'이며, 농업은 바로 '흙을 갈아엎어 가꾸는 것'이라는 뜻이다.

봄철이 되면 비록 농민이 아니더라도 호미나 삽을 들고 나와 마당한 귀퉁이의 토양이나마 파헤치고 꽃씨를 뿌리거나 묘목이라도 심고 싶은 충동을 느낀다. 이런 때면 많은 사람들이 편안한 아파트 생활을 불평하고, 토양을 밟고 그것을 만지며 살 수 있는 단독주택을 선망하게 된다.

왜 토양을 파헤치고 싶어질까? 원시시대에는 먹고 사는 것이 가장 중차대한 일이었다. 식량 채집에 의존하여 살아가기 때문에 운이 좋으면 배불리 먹을 수 있으나, 식품을 구하지 못할 때는 몇 날이고 굶주려야만 했다. 하루하루가 먹는 것 때문에 불안의 연속이었다.

이와 같이 식량을 채집하여 살아야만 하는 불안한 생활 속에서는 안전하게 수확할 수 있는 재배농업은 엄청난 은혜가 아닐 수 없었다. 그러므로 농업의 고마움이 피를 통해 뼛속까지 스며들어 급기야 인간의 유전인자에 자리를 잡았다. 그렇기 때문에 농사를 짓고자 하는 행동은 본능으로 나타난다고 보아야 할 것이다.

농사는 먼저 토양을 갈아엎는 일에서부터 시작된다. 이러한 행동을 '땅을 간다'거나 '경운(耕耘)한다'고 한다. 예로부터 농사가 귀찮고 힘든 일이라고 하는 것도 결국은 땅을 갈고 김을 매는 일이 너무나 지겹고 힘들있기 때문이다. 그러나 현대의 농업은 그런 까닭도 있지만 노임(勞賃)을 절감하기 위해 가능하면 경운하지 않고 농사를 짓는 '최소 경운 경작법'이나 '무경운(無耕耘) 재배법'을 택하고 있다. 씨 뿌릴 곳만 갈거나 아예 경운하지 않고 농사를 짓는 것이다.

그런데 농사를 지을 때 논밭의 흙은 왜 갈며, 김은 왜 매는가? 경운(耕耘)이란 토양의 겉껍질을 파쇄하는 행위인데, 다음의 세 가지의 이유로 설명이 가능할지 모르겠다.

첫번째 이유는 종자가 싹이 잘 트고 뿌리가 잘 내리노록 유노하기 위함이다.

토양의 표면이 너무 딱딱하면 토양 속에서 발아된 어린 싹이 지상으로 올라올 수 없고, 또 토양 표면에서 발아한 뿌리가 토양 속으로 파고들어 뻗을 수가 없다. 그러므로 딱딱한 표토를 경운으로 파쇄하면 흙 사이에 틈이 생겨 표면이 부드럽게 되므로 씨앗을 심기도 편해질 뿐만 아니라 발아한 새싹이 표토 위로 바르게 올라올 수 있으며, 어린 뿌리도 토양 속으로 쉽게 뻗을 수 있게 된다.

종자를 심는 깊이는 일반적으로 종자 크기의 3배 정도가 요구된다. 그러나 좋은 생육을 바란다면 씨앗이 아무리 작은 것일지라도 뿌리가 뻗어나갈 범위까지 감안하여 적어도 30cm 정도는 경운할 필요가 있다.

두번째 이유는 토양 속에 함유된 수분의 보존에 있다.

몇번이고 되풀이하는 설명이 되겠지만 토양 속에 있는 수분은 토양 입자 사이에 생긴 작은 틈새기인 모세관을 타고 땅 위에까지 올라와서 증발한다.

이러한 증발이 계속되면 토양수분은 점점 적어져서 결국엔 식물이 말라 죽게 된다. 이런 경우에 표토를 얇게 긁어서 심토(心土)와 이어진 모세관의 연결을 끊어 주면, 수분은 토양 표면까지 상승할 수가 없어 부서진 표토 바로 밑까지 올라와서 그대로 머물게 된다. 이렇게 되면 부서진 표토가 그늘을 만들기 때문에 모세관 윗부분에서 수분 증발이 감소하므로 토양 내 수분이 보존된다. 가뭄이 계속될 때 밭을 매는 이유가 바로 여기에 있다.

세번째 이유는 바로 잡초를 제거하기 위해서이다.

자라고 있는 잡초를 잘라 버리거나 뿌리를 뽑아서 제거하는 것은 물론 표토에 있는 잡초 씨앗을 땅 속 깊이 묻어서 발아를 억제하려고 경운한다.

최근에는 이러한 경운을 최소화하기 위해 새로운 파종기(播種機)를 개발하여 이용하고 있다. 이 기계는 표토를 칼날로 자르거나 작은 구멍을 뚫어, 그 틈 사이로 종자를 심은 다음 비료를 뿌려 넣고 그 위에 토양을 덮는다. 그리고 최종적으로 제초제를 살포하는 작업까지 일관하여 한꺼번에 할 수 있는 기계이다. 관수(灌水)는 '스프링클러'를 설치하여 필요할 때마다 스위치만 누르면 급수는 물론 비료와 농약까지도 함께 살포하게 된다.

또 땅 속에 미리 구멍이 많이 뚫린 '파이프'를 묻어 두고 경운이 필요할 때면 강한 공기 바람을 불어넣어서, '파이프' 윗부분의 흙덩이를 바람에 날려 큰 덩어리를 파쇄하여 토양을 부드럽게 하는 경운 방법도 연구되어 있다. 또 이 '파이프'를 이용하여 관수(灌水)하면 물이 땅 밑에서부터 위쪽으로 젖어 올라오기 때문에 증발량이 적어져서, 적은 물로도 넓은 땅을 관수할 수 있을 뿐만 아니라 비료의 용탈(溶脫)도 막을 수 있어 일석이조의 효과를 거둘 수 있다.

'농자천하지대본(農者天下之大本)'이라 할 만큼 농업은 과학의 근원이었다. 지금까지와는 달리 농업도 노동집약의 원시산업 형태를 훌훌 털어 버리고 기술집약의 첨단생명산업으로 이끌어 나가야 하겠다. 지금까지 해 온 온몸으로 짓던 농사를 이제는 손가락 끝과 머리로 짓는 농사로 탈바꿈해야 할 때이다.

제2부 흙과 함께 성장해온 인간문화

1

흙과 함께하는 인생

본능

손바닥만한 농토도 없고, 직접 농사짓고 사는 형제도 한 명 없건만 가뭄이나 장마가 계속되면 저절로 농사 걱정을 하게 되는 것은 농대 교수라는 직업의식 탓이런가-. 또 잘 사는 농촌이 소개될 때는 어쩐지 마음이 흡족해지지만 이농의 '뉴스'엔 맥이 풀려 버린다.

농촌에서 땀 흘려가며 잘 가꾼 배추를 뽑지 않고 그대로 경운기로 갈아엎어 버리고, 보리 추수를 포기하고 밭에다 불을 질러 태워 버리며, 마늘과 양파가 밭에서 썩어 가는데도 그대로 팽개치고, 암송아지는 출산과 동시에 삽아먹는다는 기사가 신문에 나고, TV에 방영될 때면 공연히 심술이 나고 짜증스러워진다.

몇 해 전에는 배추 한 포기가 3천 원 이상으로 쇠고기보다도 비쌌기에 엔간한 간덩이로는 김치를 담가 먹을 엄두를 낼 수 없었다. 그래서 김치를 금(金)치라고 부르기도 했다. 비록 김치를 쉽게 먹을 수는 없었지만 이제 농민들도 살 만하겠구나 싶더니 그 다음 해에는 또 값이 폭락하여 배추 재배 농가는 빚더미에 앉아야 할 판이 되었다.

이러한 현상이 어디 배추에만 국한된 사실이던가? 농산물 가격이 한 해는 턱없이 높고, 또 한 해는 너무 낮아지는 악순환 현상이 수년씩이나 계속되지만 아직도 이 현상이 근본적으로 고쳐지지 않고 있다니 정말 한심한 나라이다.

작년에 마늘 값이 좋았다면 금년은 마늘 값이 폭락하고, 올해 고추 값이 엉망이면 내년에는 좋은 값을 받게 될 것이라고 한다. 우리 나라에는 경제학자도 많고 농업 전문가도 적지 않건만, 어떤 이는 이러한 이유를 농민들이 계산 없이 너무 많이 심었다고 농민 탓으로 돌리고, 어떤 이는 중간상인들의 농간 때문이라고 힘주어 해석하기도 한다.

정부에서는 고추, 마늘, 양파, 배추 등 가격 변동이 심한 작목은 재배면적을 조절할 것을 요구한다. 그러나 농부라면 보자기 만한 땅이라도 빈 땅으로 그대로 놀리지 않는다. 시간만 허락하면 손바닥만한 땅이라도 흙을 갈아엎고 무엇이라도 심으려고 한다.

손익을 철저하게 따져서 이익이 많은 것을 골라 심는다기보다 놀고 있는 흙을 그대로 두고 볼 수 없는 본능 때문에 심지 않고는 못 배긴다. 땅에서 싹이 돋아나면 온갖 정성을 다 바쳐가며 가꾸어 나간다. 꽃이 지고 맺은 열매를 추수하는 마음 속엔 가정의 행복과 자손의 장래가 뒤섞인 만족이 자리한다.

도시의 부동산 투기꾼처럼 땅을 그냥 놀리며, 그 땅에 요술을 부려 흙 한 점 만져보지 않고도 일확천금하고, 그 돈의 위세로 거드름을 피우기도 하는 생리와는 근본적으로 다르다.

땀 흘려 벌어들인 돈만이 진정 값진 대가라고 말하고 싶다. 농민들이 땀흘린 근로의 대가와 그 일이 싫어서 도시로 도망나온 부류들이 손쉽게 얻은 재물을 단순히 재화(財貨)의 부피만으로 비교한다는 것은 너무 억울하지 않을는지?

우리 나라가 중진국으로 성큼 발돋움하는 데 가장 힘찬 원동력이 되었던 것은 농민이 이루어 놓은 주곡자립(主穀自立)의 달성이었다. 바로 농민들이 갖고 있는 흙에 대한 애착과 흙과 더불어 자신을 가꾸려는 본능 때문에 우리 나라가 한때는 아시아의 용으로까지 격상될 수 있었던 것이다.

그런데 농민들이 흘린 땀의 대가를 높이 평가해 주지는 못할망정 그들이 노력하여 생산한 농산물이 밭에서 그대로 썩어 가도록 할 만큼 무심한(?) 농정(農政)을 여과 없이 믿고 따르면서 지금의 농사를 대를 이어가며 계속해 나가지 않으면 안 되는 것일까?

밭에서 썩어 가는 마늘과 양파를 오래 보고 있다가 농부들의 본능마저 바꾸어지지나 않을까 심히 두렵다.

문전옥답

정년퇴임에 가까운 교수님들의 학창 시절에 겪었던 고생담은 언제 들어도 재미가 있었다. 그 얘기 중에 빠뜨리지 않고 한결같이 들려주시는 이야기에는 일제시대에 힘들었던 기숙사 생활이 쏙 늘어 있다.

2차대전이 끝나갈 무렵 우리 나라의 식량 사정은 형언할 수 없을 만큼 지극히 곤란하였다. 그 때 학교 기숙사 생활에서 받은 가장 큰 고통은 배고픔을 참고 견디는 것이었다.

그러나 방학이 되기 전에는 집에도 갈 수 없고, 용돈이 있어도 맘대로 간식을 구할 수도 없었다. 배불리 먹는 꿈조차도 즐거웠던 시기였기에 집으로 보내는 편지 끝머리에 그만 "어머니! 이번 생일에는 하얀 쌀밥 한 그릇만"이라고 쓰고 말았단다. 그 당시 강원도 산골 여자는 태어나서 죽을 때까지 쌀 한 말을 못 먹고, 오직 감자와 잡곡으로 살았다고 덧붙였다.

쌀에 얽힌 이야기가 적지 않을 만큼 예로부터 쌀은 우리의 주곡으로 우리와 가장 가깝게 있었다. '천석꾼, 만석꾼'이라 하여 쌀의 생산량이 바로 부(富)의 척도가 되기도 했던 것이다.

쌀 생산을 많이 하는 논을 일등논이라 하여 모름지기 농민이라면 일등논을 갖기를 바랐고, 자기의 논을 모두 일등논으로 만들기를 소원했었다. 그러나 아무리 좋은 농토라 할지라도 기후가 불순하여 그 해 농사를 망쳐 버리는 경우도 적지 않았다.

그래서 일등논은 하늘이 내려 주는 것으로 여기기도 했다. 과연 일등논은 하늘이 내려 주는 것인지 우리 손으로 만들 수 있는 것인지를 실제로 조사하여 보았다.

경북도내 각 군에서 다수확 논으로 추천한 논을 찾아, 그 논의 여러 조건을 조사하고 더불어 논 토양의 이화학적 성질을 분석하여 보았다. 여기서 얻은 결과를 다른 논에도 꼭 같도록만 만들어 주면 다수확하는 일등논이 될 것으로 여겼기 때문이다.

논농사는 물을 많이 필요로 하기 때문에 수원지에 가까울수록 좋은 논인 것으로 나타났다. 그런데 논의 토양을 분석해 보았더니 예상하지 않았던 뜻밖의 결과가 나왔다. 일반적으로 논토양은 물이 잘 빠지지 않는 점토질 토양이라야 제격이며, 그런 토양이라야 다수확이 가능할 것으로 여겨 왔다.

그러나 경북도 내의 다수확한 논 중에는 토양이 점질인 것도 있지만 양토(壤土)가 대부분이었다. 더욱이 모래땅인 논에서도 다수확이 되었다. 이 사실은 토양의 짜임새[土性] 그 자체가 일등논, 이등논을 정하는 것이 아니고, 그보다 토양을 어떻게 관리하느냐가 더 중요하다는 것을 단적으로 말해 주고 있다.

모래땅은 물을 보관하는 보수력(保水力)과 비료를 지니는 보비력(保肥力)이 약하지만 물 빠짐성과 통기성이 양호하다. 한편 점질토의 경우는 보수력과 보비력은 우수하지만, 물이 잘 빠지지 않고 공기의 유통도 잘 되지 않으며 뿌리가 뻗어 나가기 어렵다.

그런데 모래땅이라도 보수·보비력이 큰 퇴비나 품질이 좋은 점토 광물을 넣어 주면 보비력과 보수력을 높일 수 있다. 또 배수 불량한 점질토일지라도 퇴비를 많이 사용하여 토양을 입단화(粒團化)시켜 주면 배수가 잘 되고 동시에 통기성도 좋아진다. 이와 같이 토양 그 자체의 물리성은 크게 어렵시 않은 수단으로 개선할 수가 있다. 그러나 이럴 때에 중요한 것은 새로운 방법을 도입하겠다는 의지와 그 실천이라고 할 수 있다.

현지의 영농후계자들과 직접 면담하여 얻은 결론 역시 너무나 간단한 사실이었다. 토양은 노력을 들인 만큼은 반드시 보상해 주는 정직한 존재며, 또 토양은 비료로 가꾸는 것이 아니고 땀으로 다스려야 한다는 것이다. 멀리 있는 친척보다 가까운 이웃이 정다운 사촌처럼 여겨지듯, 집에서 멀리 떨어진 기름진 땅보다 대문 밖에 있는 비록 여윈 논일지라도 그 논에서 다수확이 더 쉽게 이루어질 수 있다는 것

토양은 노력을 들인 만큼은 반드시 보상해 주는 정직한 존재며, 또 토양은 비료로 가꾸는 것이 아니고 땀으로 다스려야 한다.

이다.

옛 말에 '문전옥답(門前沃畓)'이라 했다. 과연 그렇다! 현대의 가장 우수한 최첨단 기계를 전부 동원하여 분석해 보아도 우리 조상들이 경험으로 남긴 '문전옥답'이란 상식을 넘어서지 못했다.

집에서 가까운 곳에 논밭이 있어야 돌보기 쉽고, 그래야 옥답(沃畓) 이 될 수 있다는 연구결과의 의미를 되새겨 보아야겠다.

농민의 직업의식

70년대 초반까지만 하여도 눈에 보이지 않는 보릿고개라는 괴물이 분명 살아 있었다. 일본에 있는 교포를 친척으로 둔 집에서는 그 친

농촌을 지키며 우리의 고향인 흙을 가꾸어 가는 농민들이 자신 있게 자기의 직업을 농업이라고 말할 수 있는 사회풍토를 만들어 나가야 하겠다.

척이 한 번 다녀가고 나면 집안에 윤기가 돌았다고 할 만큼 일본과 우리 나라 가정의 경제력에는 차이가 컸었다.

그 때 일본이 초등학교 아동을 대상으로 장래에 희망하는 직업을 물어 본 결과가 아주 흥미로웠다. 아주 많은 아동이 야구선수를 지망하였고 운전수, 비행사, 학교선생님 순서로 아이들의 흥미거리가 그대로 반영되었다고 한다.

지금이라면 우리의 사정도 많이 달라졌지만, 그 당시 우리 나라의 초등학교 아동들에게 그와 같은 질문을 하였더라면 아마 대다수가 대통령, 국회의원, 판사, 검사, 의사, 대장 등의 대답이 나왔을 것이다.

민약 나의 추측이 맞다면 이런 결과는 아이들의 희망이 아니라, 이이들에게 거는 부모님들의 바람이었을 것이다. 자식이 잘 되기를 바라지 않는 부모가 어디 있을까마는 우리의 부모님들은 아이들의 적성을 깡그리 무시하고 무조건 흰 셔츠 입고, 남 앞에 군림하여 지배하는 직업을 갖기를 바랬다.

이러한 부모들은 자신들의 직업에 대하여 뚜렷한 확신을 갖고 있지 못하기 때문에 그들의 마음 한구석에는 언제나 열등의식이 자리하고 있었다고 보아야 할 것이다. 또 그 때문에 심한 피해의식 같은 것이 가슴 밑바탕을 흐르고 있었을 것이다.

한국인들의 의식 속에는 자신의 직업이 갖는 기능과 의무에 대해 자부심과 긍지를 갖기보다는 그것에서 얻어 낼 수 있는 권리를 더 소중히 여기는 경향이 없지 않았던 것 같다. 그러니 자기의 직업에 충실하기보다 기회만 있으면 다른 직종으로 눈을 돌리려고 하니, 자기의 직업에 대하여 발전이 있기보다 불만과 불평이 쌓일 뿐이었다.

일본 유학중에 정말 감명 깊게 읽었던 신문기사가 있었다.

강의 상류지역에 있는 공장에서 방출한 오염된 폐수 때문에 일본 근해 연안의 토양이 중금속으로 오염되었다. 여기서 잡은 물고기와 조개를 먹은 사람들이 지금까지 없던 이상한 병에 걸렸다.

주부들은 근해에서 잡은 고기에 대하여 불매운동을 펼치게 되었고, 이로 인해 어부들의 생계는 큰 타격을 받게 되었다. 어부들은 바다를 오염시킨 공장주를 찾아가 항의하기에 이르렀고, 결국 이는 사회문제로 등장하여 전국이 시끄러워졌다.

사회의 빗발치는 비난과 눈총을 이기지 못하여 급기야 공장주는 어부들이 잡아온 물고기 전부를 공장에서 시가대로 사들이기로 합의했다. 공장에서는 중금속으로 오염된 물고기를 모두 사들여서 큰 구덩이를 파고 그대로 묻어 버렸다.

두 달쯤 지나자 어부들은 고기잡이를 중지하는 파업을 선언했다.

어부들의 할 일은 분명 고기를 잡는 것이다. 그들은 잡은 고기를 팔아서 생기는 수입으로 생계를 유지하는 것만이 자신들의 의무가 아니라고 하였다. 그보다 자신들이 잡아온 고기가 일본 국민들의 식탁에 올라, 일본인의 피와 살이 되도록 한다는 사명감과 자부심을 느끼며 고기를 잡는다는 것이다. 자신들이 잡은 고기가 단지 몇 푼의 금전으로 환전될 뿐, 그대로 땅 속에 버려지는 것을 도저히 용인할 수 없다고 했다.

일본 어부들이 가진 자기 직업에 대한 긍지와 투철한 사명감에 탄복하지 않을 수 없었다. 이런 부모 밑에서 자란 어린이라면 운전수, 야구선수가 되겠다는 것은 당연한 귀결이라고 여겼다.

우리의 농민들도 농사가 우리 국민의 생명줄을 이어가는 신성한 직업이라는 의식을 갖게 된다면, 앞으로 다가올 우리 농업은 고난의 길만을 걷지는 않을 것이다. 농촌을 지키며 우리의 고향인 흙을 가꾸어 가는 농민들이 자신 있게 자기의 직업을 농업이라고 말할 수 있는 사회풍토를 만들어 나가야 하겠다.

생수

지구상에는 사막처럼 비가 거의 오지 않는 지역이 있는가 하면 열대 우림지역처럼 장대비가 연일 쉬지 않고 내리는 곳도 있다.

그리고 대기권에 존재하는 모든 수증기를 전부 비로 내리게 한다면 지구 전 표면에 3cm 정도의 두꺼운 물 층이 한 겹 더 쌓일 수 있다는 계산이 나온다.

지상에 내린 강수량의 7할은 지표면과 잎에서 증발산되어 다시 수증기로 날아가고, 나머지 3할은 우리가 이용할 수 있는 물로 남는다. 그러나 그 물도 2할 정도만 실제로 이용된다니, 달나라를 오가는 현재의 과학기술로도 총 강수량의 겨우 6%정도밖에 이용하지 못하고 있는 실정이다.

그것도 오염되지 않은 깨끗한 물만의 경우이고 보면, 지금의 속도로 오염이 심해진다면 멀지 않은 장래에 먹고 마실 물이 부족하여 대부분의 생물이 지구상에서 사라지지 않을까 하는 기우가 앞선다. 그래서 21세기에는 물부족으로 크게 고통을 받을 것이라고 예측하고 있다.

대구시 상수도에서 일어났던 첫번째 '페놀' 충격이 진정되기도 전에 또 한 차례 같은 곳에서 '페놀'이 유출되었다니, 낙동강 수계(水界)에서 식수를 얻는 주민들의 심사는 불안하기 짝이 없는 상태이다. 그렇잖아도 많은 사람들이 수돗물 먹기를 기피하고 생수나 지하수를 선호해 왔다.

그런데 엎친 데 덮친 격으로 상수도가 '페놀'에 오염되는 사고까지 연달아 일어나고 보면, 이제는 당국이 아무리 깨끗한 물이라고 설명하고 지방의 자치단체장이 TV에 나와 수돗물을 그대로 마시는 연출을 하여도 주민들은 수돗물을 외면하는 정도를 넘어서 고개를 세차게 흔드는 불신만 깊어지게 되어 있다. 수돗물 마시기가 겁이 나고 또 마시고 나면 설령 '페놀'이 들어 있지 않아도 배가 아파 오는 심리적 증상까지 나타나고 있는 것 같다.

봄이 되어 날씨가 풀리면 산행을 겸하여 생수를 길어 와서 먹는 가정이 증가하리라 여겨진다. 그렇다면 과연 생수란 어떤 것이며, 정말 안전한 것인가를 한 번쯤 생각해 보아야 하겠다.

일반적으로 생수란 가공하지 않은 자연수(自然水)를 가리키나 대부

지구상에는 사막처럼 비가 거의 오지 않는 지역이 있는가 하면 열대 우림지역처럼 장대비가 연일 쉬지 않고 내리는 곳도 있다. 사진은 가뭄에 물 먹는 장면이다.

분의 경우 샘물을 뜻한다. 이런 샘물은 지표수가 토양층을 통과하여 앞서이나 토양의 공극(孔隙)에 저장되었다가 다시 지표로 솟아오르는 물이다. 그런 까닭에 일반적으로 샘물은 지표수보다 염류 함량이 높으며, 땅 속 깊은 곳에 있는 지하수일수록 염류 농도가 높아진다.

빗물이 지상으로 떨어지는 동안 공기 중의 탄산가스가 빗물에 녹아 탄산 또는 중탄산(重炭酸)이 된다. 이러한 탄산을 함유한 빗물의 일부분은 땅 속으로 스며들어 토양수나 지하수가 된다. 지하에서 솟아오르는 탄산이 많이 농축된 지하수를 우리는 '천연 사이다'라고 하며 여름철에 즐겨 마신다.

이와 같은 탄산 또는 중탄산이 함유된 빗물이 땅 속으로 스며들면서 그 지역에 분포하는 암석이나 토양 중에 들어 있는 특수 성분을 용해한다. 그렇기 때문에 그 물에는 분명히 다른 곳의 물보다 그 특수 성분이 많이 녹아 있게 마련이다. 이러한 물이 모여 지하수를 이루고 지상으로 솟아오르면 이를 '약수(藥水)'라고 하며 보통 특수 성분의 특성을 나타낸다.

그러므로 그 지역의 암석이나 토양에 함유된 성분의 특수성에 따라 약수의 종류가 결정된다. 철이 풍부한 지역에선 철분이 많은 샘물이 솟아 나와 빈혈 치료에 좋은 약수가 될 것이고, 알루미늄이 많은 약수는 위장병에 특효라고 소문이 났을 것이다.

이와 같이 빗물은 용해성의 크기 때문에 땅 속으로 깊이 스며들어 갈수록 많은 염류를 용해하게 되므로 지하수에는 염류가 많이 녹아 있게 된다. 그리고 이런 지하수를 끓이면 비교적 잘 녹는 중탄산염이 잘 녹지 않는 탄산염으로 변하기 때문에 그 용해도 차이만큼 앙금으로 남게 된다. 이런 현상으로 오래 된 주전자 주둥이에는 탄산석회가 침전되어 물구멍이 막히도록 구멍이 작아진 것을 볼 수 있다.

대구 근교에 있는 산으로 가는 길은 생수를 구하려는 차량으로 길이 막힐 지경이라고 한다. 이 곳에서 길어 온 생수는 충분한 토층을 거친 위생적으로 안전한 물인지를 확실히 검사해야 한다.

지표수가 오염되었을지라도 두꺼운 토양층을 거쳤다면 유해물질은 거의 토양에 흡착되어 제거되었을 것이며, 무기염류도 풍부하여 좋은 음용수(飮用水)가 될 수 있을 것이다. 그러나 지표수가 단지 엷은 토양층만을 거쳤다면 토양의 자정 능력을 넘어서는 양만큼의 유해물질은 제거되지 않고 투과되었을 것이므로 생수는 건강에 위험할 수도 있을 것이다.

또 유해물질이 거의 들어 있지 않거나 들어 있어도 극히 미량이어서 안전에는 염려가 없는 생수라 할지라도 음용수로 이용하려면 단시간에 이용해야 한다. 수주일씩 장기간 실온에서 저장하면 물 속에서 세균이 증식될 염려가 분명 있음을 알아 두어야 한다.

시 당국에서도 예전과 달리 많은 시민이 찾는 생수 및 약수터를 조사하여, 이런 곳의 수질검사를 정기적으로 철저히 하여, 음용수로서의 안전성을 확인해 주는 수고를 아끼지 말아야 할 것이다.

영원한 농업

인간이 동물과 다른 점이 어디 한두 가지일까마는, 그 중 가장 뚜렷한 차이점을 지적한다면 인간은 인간다운 생활을 한다는 것이다. 이와 같이 인간이 인간다운 생활을 누릴 수 있게 된 것은 인류가 식량을 생산하는 기술을 가졌기 때문이라고 할 수 있다.

농민은 자연과 환경을 이용하여 토양으로부터 식량을 생산해 왔다. 그런 의미로 보면 인류 역사의 참된 주인공은 역대의 영웅 호걸이 아니라 농민이었음이 분명해진다.

그런데 농작물을 생산할 수 있는 농토는 더 이상 뻗어나갈 곳이 없을 만큼 그 외연적(外延的) 확대는 한계에 도달했으나, 세계 인구는 계속 증가하여 21세기 중반에는 120억을 넘을 것이라는 예상이다.

이 엄청난 숫자의 인류를 영양 부족까지 해소해 가면서 온전히 먹여 살리자면, 한정된 경지면적에서 현재와 같은 생산방식으론 어림도 없는 일이다. 그러니까 인간답게 살아가려면 한정된 면적에서나마 지금보다 훨씬 더 많이 식량을 생산해내는 길밖에 없다.

그러기 위해 가장 손쉽게 해결할 수 있는 방법으로서 찾아낸 것이

인류는 화학약품에 의존하는 현대 농업의 고수와 원시적인 유기농업에로의 선회라는 갈등 속에서 한동안 머뭇거리다가, 이제는 지속농업(持續農業)이라는 명제 앞에 서게 되었다.

다비밀식(多肥密植)의 영농 방법이었다. 좁은 면적에 빽빽하게 많이 심고 비료를 그만큼 많이 주어서 생산량을 높이자는 농사 방법이다. 어쨌든 이 방법으로 식량난을 극복하는 데 어느 정도 성과를 거두었다.

그러나 화학비료의 과용과 농약의 남용은 이차적으로 환경을 오염시키고, 결국엔 생산의 기반인 토양마저 병들어 죽어가게끔 만들었다. 그로 인해 농업의 기반은 멀지 않은 장래에 깡그리 잃어 버리게 될지도 모를 위기에 처하게 되었다.

이는 마치 이솝 우화에 나오는 '황금알을 낳는 거위'에 비유된다. 매일 한 개의 황금알을 낳는 거위로부터 한꺼번에 많은 알을 뺏으려고 거위를 죽여 배를 열어보니 황금알은 하나도 들어 있지 않았을 뿐만 아니라 그후로는 황금알을 구경할 수도 없었다는 이야기다. 토양으로부터 식량을 서서히 적당하게 얻으려고 하지 않고, 한꺼번에 대량 생산하려고 과다한 비료와 농약을 사용하다간 그 토양으로부터 한 톨의 식량도 얻을 수 없게 토양이 죽어버리게 될 것이다.

그렇다고 농약과 화학비료를 전연 쓰지 않는 유기농업에만 의존할 수만은 더더욱 없는 것이다. 그렇게 하다간 몇 번이고 강조하여 말한 것과 같이 당장 식량 부족을 겪게 될 것은 불을 보듯 뻔한 사실이기 때문이다.

여기에서 인류는 화학약품에 의존하는 현대 농업의 고수와 원시적인 유기농업에로의 선회라는 갈등 속에서 한동안 머뭇거리다가, 이제는 지속농업(持續農業)이라는 명제 앞에 서게 되었다.

오염된 낟알 한 톨을 더 얻으려고 무모한 욕심을 부리기보다는 최소한 토양을 오염시키지 않을 정도의 농약과 화학비료의 사용을 허용하면서, 거기에 새로운 최첨단 기술을 접목하여 인류가 생존하는 그 날까지 농업을 계속 유지하려는 영농방법이 바로 지속농업이라는 것이다.

토양으로부터 기능한 한 많은 식량을 언어내면서도 환경의 질을 그대로 유지하여 농업을 자자손손 계속하기 위해서는 이 농법을 선택하지 않을 수 없는 것이 오늘의 현실이다. 그렇기 때문에 선진국에서는 이미 그들의 농업을 지속농업으로 바꾸어 가고 있다.

우리도 이젠 지속농업의 대열에 동참해야 하며, 그러기 위해 우리의 농정 방향도 기존의 환경보존형 영농방식에 새로운 첨단기술을 활용하는 데 역점을 두어야 한다.

인류의 생명산업인 농업을 영원히 이어나가기 위헤……

마음에 흙 향기를

쇼팽이 조국 홀랜드를 떠나 프랑스로 망명 길을 나설 때, 그의 이웃들이 들려 준 선물은 바로 홀랜드의 흙을 넣은 작은 상자였다는 일화는 너무나 잘 알려진 이야기다.

이와 같이 흙에 얽힌 이야기는 굳이 시대를 거슬러 올라가며 쇼팽의 이야기를 찾을 필요도 없다. 36년간 일제에 잃었던 조국을 되찾았을 때, 상하이(上海)로부터 돌아온 김구(金九) 선생이 김포공항에 도착하자, 제일 먼저 눈물로 우리의 흙에다 입맞추었다는 감격적인 이야기도 있다.

또한 멀리 유학간 아들에게 한 줌의 고향 땅의 흙을 넣은 작은 봉투를 보내면서 "이 흙에 뿌리박고 자란 너를 결코 잊지 말아라"고 당부한 훌륭한 아버지의 이야기도 있다.

어디 그뿐이랴! 아직도 기억에 생생한 "독재자는 물러나라"라는 민중의 무서운 함성에 쫓겨 이란을 황망히 떠나면서도 팔레비 왕 역시 잊지 않고 마지막으로 갖고 떠난 것이 한 줌의 이란의 흙이었다.

흙 속에는 그야말로 고향의 냄새가 배어 있다. 흙은 만물이 거기서 태어나서 그 곳으로 돌아가야 할 시원(始原)의 가슴이다. 그렇지만 우리는 대부분의 나날들에 의미를 부여하면서 최선을 다해 살아간다고 자신마저 속이는 부지런을 떨면서도 막상 가장 근원적인 흙을 잊고 산다.

토양의 피부를 딱딱한 것으로 차단해 버린 아스팔트 길과 콘크리트 건물, 이 속에서 편리한 현대를 살아가며 흙의 전설도 흙의 향기도 모두 잊어버린 것이다. 우리는 이렇게 흙의 존재를 잊음으로써 얼마나 많은 것을 함께 잃고 있는지를 아직 모르고 있다.

　사물의 근본을 보는 눈을 잃었고, 삶을 즐길 수 있는 여유를 잃었으며, 자신과 이웃에 대한 믿음을 잃게 되었다. 그러면서 흙이 가르쳐 주는 진정한 진리보다는 타산을 배우고, 배리(背理)와 술수를 익히며, 그냥 위만 보고 치닫는 게 현대를 지혜롭게 사는 길이라고 여기며 살아 왔다.

　흙이 도대체 무엇이며 우리 인생에 무슨 소용이랴, 이와 같은 흙에 대한 무관심이 흙을 대수롭지 않게 여기도록 만들었고, 드디어 흙을 더럽히는 데 아무런 스스럼조차 없어지게끔 되었다. 더욱이 "더러운 흙을 더럽힌다니 무슨 말이냐?"고 호통까지 치지 않는가?

　그러나 흙이야말로 바로 우리 생존을 위해선 떼놓을 수 없는 불가분의 기반이 아니던가. 조상들이 대대로 살아왔고 또한 내가 살아가며 내 자손에게 물려 주어야 할 가장 위대한 재산이 바로 이 흙이다.

　그러니까 이 시대에 내가 살고 있고 내 것이라고 해서 내 마음대로 더럽힐 수 없는 것이다. 늦게나마 우리 나라에도 국토 정화운동이 일어난 것은 진정으로 감사해야 할 일이다. 찢어진 종이 조각, 깨어진 병유리를 줍는 마음도 훌륭한 국토 정화운동의 정신임엔 틀림이 없으나, 한 걸음 더 나아가 좀더 적극적으로 우리 모두가 이 흙을 이 이상 더럽히지 않도록 노력하는 것이 한결 차원 높은 정화운동일 것이다.

　공장 폐수로 시꺼멓게 죽어가는 토양을 상상하기만 해도 무서움에 몸이 떨릴 지경이다.

　원자폭탄이 얼마나 무서운 것인가는 원폭이 직접 떨어진 일본의 히로시마(廣島) 피폭지를 직접 보지 않고는 상상이 되지 않는다. 또 전쟁의 참상은 겪어 보지 않으면 오히려 영화의 한 상면처럼 전생 사체가 흥미거리가 될 수도 있다.

기업가들은 바로 코앞의 이익도 중요하겠지만, 그 흙에서 자신의 분신인 귀여운 손자 손녀가 뛰놀고, 그 흙에서 자란 농산물을 먹어야 한다는 사실도 가슴으로 느껴 주었으면 한다. 그렇게 되면 아무리 양심에 털이 났다고 하는 사람이라도 우리 모두의 생명의 근원인 내 조국의 흙을 더럽히지 않도록 조심할 게 분명하다.

황량한 겨울이 지나갔다. 딱딱한 동토(凍土)에서 이제 새로운 생명이 싹트려고 하는 계절이다. 흙과 가장 가까워질 수 있는 이 계절에 보다 신선한 흙의 향기를 간직할 수 있도록 흙을 깨끗이 보존하는 작은 노력이라도 해 봐야 할 것만 같다.

묘지천하(墓地天下)

나라마다 그 나라의 독특한 문화가 있기 마련이다. 장례문화(葬禮文化) 역시 마찬가지일 것이다. 우리는 다른 행태의 장례행위를 TV 화면으로 보면서 이상야릇한 풍습을 신기한 듯 즐긴다.

한 민족의 전통 중 가장 오래도록 지속된 제도가 바로 이 장례제도라고 한다. 그렇기 때문에 어떤 민족의 뿌리를 알기 위해서는 먼저 그 민족의 장례제도를 알아야 한다는 것이다. 그래서 우리는 다른 나라의 이상야릇한 장례제도에 흥미를 가지는 것이 아닌지-.

우리 나라의 장례문화는 매장(埋葬) 위주로 되어 있다. 인류학자들에 의하면 전라도 해변지방 일부와 제주도에서는 풍장제도(風葬制度)가 있었다고 하지만, 전체적인 장례제도는 매장이다.

매장제도가 이렇게 끈질기게 이어져 내려온 것은 풍수지리설 때문이라고 말하는 사람들도 있지만 분명 그 이유 하나만은 아닌 것 같

이미 전국적으로 2천만 기 이상의 묘가 서울 면적의 두 배 만한 면적을 차지하고 있다. 그리고 매년 25만 명이 넘는 사자에게 제공해야 할 안식처가 계속 필요한 형편이다.

다.

우리 민족은 고구려 시대로부터 내려온 장례제도를 지금까지 계속 끌고 왔다.

부모나 남편이 죽으면 삼년상을 지낸다든가, 묘 주변에 자작나무를 심는다든가 하는 것도 좋은 예이다. 이러한 전통은 지금도 끈질기게 남아 있다. 그래서 그런지 매장은 조금도 변화가 없고, 부모묘를 크게 치장하는 것이 바로 출세한 자손이 보여 줄 효성의 척도를 나타내는 것처럼 되어 있다.

전통적으로 양택(陽宅)에는 집을 짓고 음택(陰宅)에는 묘를 쓴다는 말이 있다. 그러면서도 한편으로는 '좌청룡(左靑龍) 우백호(右白虎)'의 병풍산(屛風山)을 두르고, 앞쪽으로 강물이 넉넉히 보이는 양지 바른 곳인 배산임수(背山臨水)의 자리를 전통적으로 좋은 묘터로 지목하였다. 또 토심(土深)이 깊고 배수가 양호한 토양에는 시신이 빨리 부패하여 없어지고, 유골이 황변(黃變)한다는 소위 '명당'에 속하지만, 배수가 불량하여 물이 고이는 토양에는 유골이 검게 변하여 좋지 않은 묘지라고들 해 왔다.

이와 같은 묘지에 대한 사상 때문에 묘가 쓰인 곳을 보면 거의 대부분이 햇볕이 잘 들고 토양이 부드러우며 토심이 깊은 곳으로, 나무가 잘 자랄 수 있는 가장 알맞은 조건을 갖춘 토양임을 한눈에 알아볼 수 있다.

이렇게 좋은 장소만 골라서 묘터로 정하고, 또한 묘지 부근에는 망자(亡者)에 대한 예우로서 비료를 사용하는 농사도 짓지 못하게 하니, 묘지와 인접한 넓고 좋은 땅을 그냥 그대로 묵혀 버리고 있는 실정이다.

우리 민족이 살아온 정신적 배경은 절대 외면할 수 없다고 하지만, 이미 전국적으로 2천만 기 이상의 묘가 서울 면적의 두 배 만한 면적을 차지하고 있다. 그리고 매년 25만 명이 넘는 사자에게 제공해야 할 안식처가 계속 필요한 형편이다. 그러니 이대로 간다면 해마다 아무리 적어도 국토 중 150만 평을 고스란히 묘지로 내어 놓아야만 할 형편이다.

외국에서도 매장하는 장례문화가 아직도 남아 있다.

독일에서는 토장(土葬)의 경우, 개인 묘소는 넓이가 0.25m^2로 제한되어 있고, 가족 묘소는 2m^2까지 허용된다. 2m^2의 넓이라면 사방 1m 50cm밖에 되지 않는 넓이지만 여기에 열여섯 가족의 유골상자를 차곡차곡 쌓아 놓지 않으면 안 된다. 현재 우리의 관습으론 도무지 상상도 할 수 없는 일이다. 그러한 묘지마저도 이용 기간이 25년으로 제한되어 있다.

우리 정부에서도 이젠 묘지 문제에 적극성을 보일 때가 된 것으로 판단하고, 비로소 개인묘 1기는 6평으로, 또 공동묘지의 경우는 3평으로 제한하고 이용연한제(利用年限制)로 할 것을 발표했었다.

한국토지학회의 조사에서도 국민의 70% 이상이 묘지 면적의 축소와 이용 연한을 제한할 것에 찬성했다고 한다. 그러나 그 실행은 아직도 머뭇거리고 있는 실정이다.

새로 태어나는 아이들의 숫자가 사망자의 수를 훨씬 능가하여, 인구가 급증하고 있는 것이 현재의 실정이다. 그럼에도 불구하고 농작물을 생산할 농토는 공장 부지, 주택지, 도로 건설 등에 떠밀려 점점 그 면적이 감소되고 있다.

여기에 더 이상 묘지로 쓸 산조차 없어져서, 경작지마저도 묘지로 사용하게 된다면 증가하는 인구를 부양할 식량증산은 가망이 없게 된다. 결국 망자의 누울 자리 때문에 살아 있는 이들이 굶주림으로 고통을 당해야 할 형편이다.

가톨릭 성직자의 묘소에 새겨진, "오늘은 나, 내일은 너"라는 글귀처럼 "태어날 사람은 반드시 온다는 기약이 없지만, 한 번 태어난 사람은 반드시 죽게 된다"는 아주 간단한 진리를 알고 있다면, 온 국토가 묘지로 뒤덮이는 묘지천하(墓地天下)가 되기 전에 우리 스스로가 서둘러 결단을 내려야 할 시점이다.

깨끗한 납골당

"여보! 나 먼저 죽으면 양지 바른 곳에 당신 손으로 꼭꼭 묻어 주소."

"안 돼, 화장할 거야."

"두 번 죽기 싫으니, 꼭 묻어 주소, 당신이 안 된다고 한다면 주위 사람들에게 미리 유언해 둘 거요."

"아무리 그래도 화장할 거야."

언제부터인가 우리 부부 간의 얘기 중에 가끔씩 나오는 대화의 한 대목이다. 청운의 꿈을 안고 앞날의 무지개만 생각하던 때가 엊그제 같은데……. 벌써 생(生)을 정리하는 얘기를 스스럼없이 하는 지경에 까지 왔단 말인가?

경주에 있는 동산 만한 옛 왕족의 무덤이나 올망졸망 요철을 한 공동묘지의 다닥다닥 붙어 있는 크고 작은 무덤을 보면서 생의 허무를 느끼지 않는 사람은 드물 것이다.

한편 나무가 자랄 만한 양지 바른 산자락에는 어김없이 묘지가 빠끔히 자리하고 있다. 그런 묘지를 볼 때면 그 자손의 효성에 감읍하기보다 "저것만은 피해야 되는데" 하는 심정이 되는 것도 직업의식 때문인지…….

정말 빛이 들 만한 빤한 곳은 나무 대신 무덤이 차지하고 있으니, 나무가 자랄 수가 없다. 그대로 방치하다간 멀지 않아 지상은 온통 무덤으로 덮이고 말 것이다.

역사 속에서 인간의 욕망과 야만성을 가장 극명하게 보여 주는 것이 바로 장례문화라고 한다. 고인류학에서 밝힌 바와 같이 인간이 가족이나 동족의 시신을 매장할 줄 알게 된 것은 약 1만년 전의 일로 네안데르탈 인의 후예가 처음이었다고 한다.

선사시대의 인류가 역사시대로 넘어 들어오게 되면서 장례문화는 보다 더 본격적이 되었다고 할 수 있다.

그만큼 매장의 전통은 긴 역사를 가지고 있으며, 또한 뿌리가 깊다.

그러니 매장 위주의 장례문화를 개혁해 보겠다는 시도가 그리 쉽게 이루어질 것이라고 기대하기는 어렵다. 더구나 우리처럼 전통을 고수해 온 나라에서는 더욱 그러하다.

매장제도 그 자체를 바꾸는 것이 아니라 매장의 방법이나마 바꾸어 보려고 수차례에 걸쳐 시도해 보았으나, 그 때마다 유림(儒林)의 극렬한 반대에 부딪쳐 그 뜻을 이룰 수가 없었다고들 한다.

그러나 아무리 유림의 전통적 관혼상제(冠婚喪祭) 예식을 고수하려는 의지가 완고하다고 하여도, 이제는 우리의 장례문화를 개선하지 않으면 안 될 시점에 이르렀다.

그러나 벌써 몇 년째 계획은 발표했지만 실행에 옮기는 것은 엄두도 내지 못하고 있다. 우리 국민의 대부분이 묘지 면적을 축소시키고 이용연한제의 실시에 찬성하고 있다는 조사보고도 나와 있지 않은가? 정부의 조속한 결단이 없다면 좁은 국토는 온통 묘지로 덮이고 말 것이다.

그런데 최근 SK 그룹의 최 회장이 유언으로 화장을 부탁하고, LG 그룹의 구 회장(具本茂)은 자신이 죽고 나면 화장을 해 달라는 부탁과 함께 자신의 재산을 사회에 환원하는 공익사업의 일환으로서 아주 멋진 납골당(納骨堂)을 만들어 사회에 헌납한다는 이색적인 유언을 하여 사회에 잔잔한 파문을 일으켰다.

고아원이나 양로원 운영과 같은 많은 사회사업들도 그 나름대로의 의미와 중요성을 갖고 있다.

그러나 이번에 LG 그룹의 구 회장이 제창한 납골당의 선사와 같은 차원을 달리하는 공익사업은 또 다른 의미를 갖고 있으며 또한 꼭 필요한 시점이라고도 하겠다.

우리는 공동묘지를 담력 수련장이나 여름철 납량물에 이용할 만큼

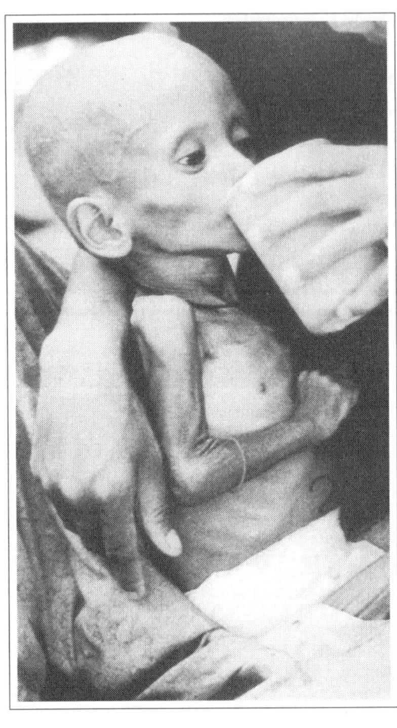

으스스하고 무서운 곳으로 여기고 있으나, 외국에선 묘지를 가까이 두고 모두가 친근하게 찾아주는 근린 공원으로 애용하고 있다.

좁은 국토에서 귀신이나 만들어내는 커다란 묘지를 만들기보다, 위생적이고 친근감을 더해가는 납골당 문화를 정착시키는 것이 국토의 효율적 이용이 아닐는지……. 더욱이 지구촌 곳곳에서 굶주려 죽어가고 있는 많은 중생들에게도 해명할 말이 있지 않을까?

죽은 제갈량(諸葛亮)이 살아 있는 사마중달(司馬重達)을 이겼다는 고사가 생각나지만, 죽은 자의 누울 자리 때문에 산 사람이 삶터를 잃고 굶주리며 고통받는 데야 논리가 서지 않는다.

양지 바른 옥토에는 나무가 자라게 하고, 사자(死者)는 깨끗하고 아

담한 납골당에 모시자는 의식개혁이 있기를 바라는 것이 토양학자의
부질없는 욕심만은 결코 아니다.

2
토양은 값진 자원

흙 속의 보물―고령토

우리 나라 예술품의 간판 스타를 하나만 꼽으라면 누구나가 고려 도공들의 그윽하고 찬연한 넋을 푸르디 푸르게 빛내었던 불후(不朽)의 명품 고려청자를 추천할 것이다.

신비로운 비색(翡色)의 청자나 창의적 공예 정신이 번뜩이는 상감청자(象嵌靑瓷)는 물론, 철채(鐵彩)로써 그림을 그렸다고 화고려(畵高麗)란 이름으로 알려진 화청자(畵靑磁)는 세계인으로부터 아낌없는 찬사와 사랑을 받아 온 우리의 뛰어난 문화적 유산이다.

이와 같은 청자의 원료가 고령토(高嶺土)란 것은 너무도 잘 알려진 사실이다. 그러나 우리는 이와 같은 고령토가 과연 어떤 종류의 흙이

우리 나라 예술품의 간판 스타를 하나만 꼽으라면 누구나가 고려 도공들의 그윽하고 찬연한 넋을 푸르디 푸르게 빛내었던 불후(不朽)의 명품 고려청자를 추천할 것이다. 신비로운 비색(翡色)의 청자나 창의적 공예 정신이 번뜩이는 상감청자(象嵌靑瓷)는 물론, 철채(鐵彩)로써 그림을 그렸다고 화고려(畵高麗)란 이름으로 알려진 화청자(畵靑磁)는 세계인으로부터 아낌없는 찬사와 사랑을 받아 온 우리의 뛰어난 문화적 유산이다. 이와 같은 청자의 원료가 고령토(高嶺土)란 것은 너무도 잘 알려진 사실이다. 우리 나라의 산야(山野)에는 바로 이러한 순도가 높고 품질이 아주 좋은 고령토가 많이 매장되어 있다.

며 그 성질은 어떠한 것인가에는 별로 관심을 기울이지 않고 있는 듯 하다.

지각을 이루고 있는 많은 원소 중에는 규소(硅素)가 그 양의 절반 이상을 차지할 만큼 많으며, 그 다음이 알루미늄과 철이라고 이미 말 한 바 있다. 그런 까닭으로 지각을 구성한 암석의 풍화 산물인 흙에 도 역시 규소와 알루미늄이 가장 많이 들어 있다.

그러므로 토양 중에서 끊임없이 일어나고 있는 화학반응에는 규소 와 알루미늄의 반응이 빠질 수가 없으며, 이들은 서로 결합하여 새로 운 구조를 가진 점토광물로 합성된다. 거의 모든 점도 광물은 규산판 과 알루미늄판(板)이 한 쌍씩 짝을 이루거나, 두 개의 규산판 사이에 알루미늄판 하나가 샌드위치처럼 끼여 있는 형태로 이루어져 있다.

고령토는 규산판과 알루미늄판이 하나씩 짝을 이룬 점토광물이다. 거북등에 새겨진 무늬처럼 육각형의 납작한 판(板) 모양을 하고 있으며, 물에 젖으면 끈적끈적한 점성을 보이지만 건조하면 딱딱해지는 특징을 지니고 있다. 순품(純品)은 흰색을 나타내고 있으나, 대부분은 철분이 섞여 있어 붉은색을 띠고 있다.

우리 나라의 산야(山野)에는 바로 이러한 순도가 높고 품질이 아주 좋은 고령토가 많이 매장되어 있다. 청자에서 우리 민족의 미적 재능을 그토록 아낌 없이 발휘할 수 있었던 것도 넉넉하고 품질 좋은 고령토를 쉽게 발견할 수 있었던 것이 상당한 역할을 했을 것이다.

고령토는 도자기의 원료로서만이 아니라 산업용 원자재로서도 널리 쓰이고 있다. 첨단과학의 꽃이라고 불리는 질 좋은 반도체의 원료가 고령토라는 사실은 이미 널리 알려져 있다. 그 외에도 고령토는 종이 제품과 합판 제조에도 큰 몫을 하고 있으며, 심지어는 의약품의 정제와 화장품의 원료로도 쓰이고 있다.

어디 그뿐이던가? 어릴 때 침을 발라가며 공책의 여백을 메웠던 연필도 이 고령토와 무관한 것이 아니라는 사실을 알아야 할 것이다. 딱딱한 연필심은 고령토에다 흑연이나 목탄 가루를 섞어서 국수처럼 가늘게 뽑아 만든 것이기 때문이다. 또한 여인들의 사랑을 받는 루비스타와 같은 인조보석 역시 고령토를 원자재로 하여 높은 온도에서 구워서 만든다.

이러한 고령토를 많은 광산업자(鑛産業者)들이 산에서 채굴하여 가공도 하지 않고 그대로 수출하고 있다는 사실은 한 번쯤은 짚고 넘어가야 할 문제이다. 선진국에서는 우리 나라의 고급 고령토를 원료로 하여 신제품을 만들어 비싼 값으로 우리에게 역수출하고 있는 현실이다.

세계의 어느 나라든지 자기 나라의 영토가 한 뼘이라도 외국에 의해 침범당하면 크게 반발하여 전쟁마저 불사할 것이다. 그러나 그 영토 속에 있는 토양이나 광물질쯤은 예사롭게 생각하여 수출하기가 일쑤이다. 이러한 현실은 우리 나라에서도 마찬가지다.

대구의 앞산 하나쯤은 몽땅 깎아서 팔아 버려도 그 누구 하나 나무라는 사람이 없다. 나무라기는커녕 수출산업에 기여했다고 하여 오히려 포상까지 하지 않겠는가? 이것은 마치 창고지기가 창고만 지킬 뿐, 그 속의 보관품에는 아무런 관심도 갖지 않는 것과 같은 이치이다. 영토라는 창고 속에 들어 있는 토양이라는 내용물을 하찮은 것으로 느낀 탓이리라.

우리 나라는 석유 한 방울 나오지 않고 원자력 발전의 원료인 우라늄도 없으며, 철광석마저 귀하여 자원이 없는 나라라고 비관하여 왔다.

그러나 2000년대를 대비한 첨단과학의 총아인 반도체의 원료가 되는 양질의 고령토를 우리의 토양 속에 넉넉히 가진 나라이기에, 이제 다가올 21세기에는 틀림없이 지구촌의 주인이 될 수 있다는 뿌듯한 긍지를 가져도 좋지 않을까.

황토의 생기

황토(黃土)란 노랑색을 띤 토양이라는 의미임에 틀림이 없을 것이다. 그런데 우리 나라에선 노랑색의 토양을 찾아볼 수가 없다. 그런 종류의 토양이 없기 때문이다. 호주에서 보는 모래는 분명 노란색을 띠고 있다. 그러나 우리 나라의 모래는 붉은 팥죽색이다.

그렇다면 우리 나라에서 현재 일반적으로 통용되고 있는 황토란 과연 어떤 토양인가? 중국의 황하 상류지역에 퇴적되어 있는 황토가 봄철 상층기류를 타고 우리 나라로 날아오는 소위 황사(黃砂)가 쌓여서 생긴 토양이라면 황토라고 할 수 있을 것이다.

그런데 그러한 토양은 채집할 만큼 많이 쌓여 있지 않다. 일반적으로 시중에서 널리 통용되고 있는 황토는 시골 야산에서 흔히 볼 수 있는 소위 적황색(赤黃色) 토양을 가리킨다. 암석이 풍화되어 겨우 토양이 된 아주 젊은 토양이다. 이런 토양에는 철분을 포함한 식물의 생육에 꼭 필요한 미량 요소들이 고스란히 저장되어 있다. 아직 미숙하나 생기발랄한 싱싱한 토양이다.

신학기의 시작과 더불어 예상에 없던 방문객이 종종 찾아온다. 소규모 비료공장을 운영하는 사장님을 비롯하여, 초·중·고등 학교 자연계열 선생님들이다. 자연계열 교사의 경우는 학생들과 연구한 결과를 매년 발표하여 시상하는 제도가 있기 때문에 자신이 계획하는 연구의 타당성이나, 실험 방법 등의 문제점을 문의하러 찾아온다.

지난해부터 황토에 관한 문의 전화가 늘어나고, 황토에 관한 연구를 해 보겠다며 황토의 분석을 의뢰해 오기도 했다. 무엇을 분석할 것인지에 대한 구체적인 요구도 없이 그냥 황토를 분석해 달라고 요청한다.

그러나 적황색 토양은 산지(産地)와 성인(成因)에 따라 약간씩 차이는 있을지라도 그들의 연구 내용으로 볼 때 비싼 분석료까지 지불하면서 토양을 분석할 필요는 없다고 느꼈다. 그래서 다른 적황색 토양의 분석치를 복사해 주면서 참고로 하라고 권했다.

그들의 연구 중에서 제목이 좀 색달라 기억에서 잘 지워지지 않는

시중에서 널리 통용되고 있는 황토는 시골 야산에서 흔히 볼 수 있는 소위 적황색(赤黃色) 토양을 가리킨다. 암석이 풍화되어 겨우 토양이 된 아주 젊은 토양이다. 이런 토양에는 철분을 포함한 식물의 생육에 꼭 필요한 미량 요소들이 고스란히 저장되어 있다. 아직 미숙하나 생기발랄한 싱싱한 토양이다.

두 편의 연구가 있다. 「황토방(黃土房)은 왜 좋은가?」와 「물고기가 황토물을 좋아하는 이유」였다.

요즈음 황토 침대, 황토 매트니 황토방이니 하며 황토로 만든 제품을 쓰면 만병통치나 되듯이 선전하고 있는데 그 진위를 파헤쳐 보겠다는 것이다. 그러면 무슨 실험을 어떻게 할 계획인가 하고 물었더니 그냥 웃기만 했다.

적황색 토양은 대부분이 강산성이며 점토 함량이 높다. 이 토양으로 벽면을 만들면 비가 많을 때에는 수분을 흡수하여 방안 공기가 칙칙해지지 않도록 조절하고, 건조할 때에는 흙 속에 들어 있던 수분을 품어 내어 방안의 습도를 적당하도록 만들어 준다. 결과적으로 흙집과 온돌방은 과도하게 습해지거나 건조해지는 것을 막아 쾌적한 환경을 만들어 주기 때문에 잠시만 자고 나도 몸이 가뿐해진다.

또 적황색 토양은 우주에서 방사된 우주선(宇宙線)을 포함한 각종 전자파를 흡수하여 통과시키지 않으며, 특히 암을 유발한다는 라돈 방사파(放射波)를 차단한다.

적황색 토양에 열을 주면 원적외선(遠赤外線)을 방출하므로, 황토방 온돌에서 짧은 시간 자고 일어나도 피로회복이 빠르고 혈액순환이 원활해진다고 한다. 여름의 열기나 겨울의 냉기를 차단하여 실내 온도를 일정하게 유지하는 데에도 한 몫을 할 만큼 좋은 단열제이기도 하다.

또한 적황색 토양은 젊은 토양이기 때문에 그 속에는 모체였던 용암(熔岩)에 내재(內在)되어 있던 각종 무기(無機) 성분이 골고루 들어 있다. 따라서 가두어 사육하는 돼지나 닭의 축사에 이 흙을 넣어 주면 가축에게 좋은 무기 영양제가 된다.

이 흙은 아직 오염되지 않았으므로 병원균을 포함한 미생물의 발육이 미약하다. 동시에 이 토양에서는 식물의 생육도 그렇게 왕성하지 못하다. 그러므로 이 토양이 있는 곳이라면 처녀지(處女地)와 같아서 위험이 적은 환경이라는 추리가 가능할 것이다.

본능에 따라 행동하는 동물의 경우 황토(?) 냄새가 나면 그 곳은 새로운 신천지가 있는 곳으로 판단할 수밖에 다른 도리가 없을 것이다. 홍수로 황토물이 흘러내리면 물고기가 황토물을 거슬러 올라가는 이유도 알 만하지 않은가? 위험이 없는 새로운 보금자리를 찾아 자신의 시대를 개척하려는 것이다.

작은 못에다 황토(?)를 군데군데 물 밑에 넣어 놓고 물고기의 행동을 조사했더니, 황토가 있는 곳에 물고기가 많이 모여들었다고 한다. 실험의 확실성과 재현성(再現性)을 다시 한 번 확인해 보지는 않았으

나, 우리의 흙이 땅 위의 생물은 물론 이제는 물 속의 생물에게도 안
식처가 된다는 사실을 일깨워주는 의미 있는 실험임에는 틀림이 없
는 것 같다.

신비의 광물-비석(沸石)

비석(沸石)은 영어로 Zeolite라 하며 천연에서 광물로 생산되는 것
과 인공적으로 합성하여 만든 합성품이 있다. 이러한 비석은 규소와
알루미늄이 얽혀 삼차원의 그물 모양을 한 망상구조(綱狀構造)를 이
루고 있으며 현재 47종류가 알려져 있다.

그물 모양의 결정구조를 전자현미경으로 자세히 들여다보면 입구
가 아주 좁고 긴 가느다란 파이프처럼 보이는 동공(洞空)을 갖고 있
다. 이 파이프형 동공의 굵기와 길이는 천연산인 경우는 일정하지 않
고 아주 다양하지만 합성품은 거의 균일하다.

비석은 이러한 동공 속에 약하게 결합된 물 분자를 보관하고 있는
독특한 광물군(鑛物群)으로, 동공 속에 있는 물은 열을 받으면 동공에
서 빠져나와 비석의 표면으로 끓어오르는 것처럼 뿜어져 나오기 때
문에 '끓는 돌[沸石]'이란 이름이 생겨났다.

천연 비석은 바다나 호수의 침전물이 화산, 온천 등의 지열과 압력
을 받아 변성되어 생긴 광물이다. 생성될 때의 온도와 압력은 물론
침전물의 성분 등 반응 조건에 따라 서로 다른 비석이 생겨날 수 있
으므로 품질이 균일치 못하며, 그 성능 또한 생성 조건에 따라 다를
수밖에 없다. 그러나 광석으로 대량 재광되어 생산량이 많고 값이 싸
다는 이점이 있기 때문에 산업적으로 많이 이용되고 있다.

한편 합성하여 제조한 인공 비석은 합성 조건을 일정하게 조절하여 만들어 낸 제품이므로 품질이 균일하고 성능이 우수한 제품을 생산할 수 있지만 가격이 비싼 흠이 있다. 그러므로 비석을 이용할 때는 그 용도에 따라 천연산으로 할지, 합성품으로 하는 것이 좋을지를 잘 선택해서 사용하는 것이 바람직하다.

비석은 동공이라는 창고 속에 많은 물질을 저장·보관할 수 있는 능력을 가졌다. 이러한 성질을 이용하여 오염수(汚染水) 중에 들어 있는 중금속이나 방사선 물질 및 암모니아와 같은 오염물질을 걸러서, 그 창고 속에 차곡차곡 가두어 둘 수 있으므로 오염수를 깨끗하고 맑게 하는 흡착정화제(吸着淨化劑)로 널리 쓰인다.

또 비석은 다른 어떤 물질보다도 암모니아를 좋아한다. 그렇기 때문에 암모니아가 다른 물질들과 서로 섞여 있을지라도 다른 물질보다 더 빠르고 더 많이 선택적으로 흡착한다. 이러한 선택성을 이용하여 공기나 물 속에 들어 있는 암모니아를 제거하는 수질정화제(水質淨化劑)로 많이 쓰이고 있다.

특히 축산 폐수에 비석 입자나 분말을 첨가해 주면 폐수 중에 녹아 있는 암모니아를 비석이 모두 흡착하여 폐수로부터 없애주므로, 방류수 중에 암모니아 성분이 거의 없어지게 되어 수질이 월등하게 개선된다.

대부분의 흡착제들은 폐수에 넣어 정화제로 사용하고 나면 끝에 가서는 침전시켜 폐기해야 하는 귀찮은 문제가 발생한다. 그러나 암모니아를 흡착한 비석 침전물은 그대로 경작지 토양에 시용(施用)하면, 비석의 동공 속에 들어가 있던 암모니아가 천천히 동공을 빠져나오기 때문에 완효성(緩效性) 질소비료의 효과를 얻을 뿐만 아니라 폐기물 처리 문제도 간단히 해결된다.

특히 암모니아를 잘 흡착하는 성질이 있기 때문에 퇴비를 제조할 때에 비석을 첨가해 준다. 그러면 비석은 퇴비 더미에서 휘발하는 암모니아를 많이 흡착하여 보관할 수 있으므로 퇴비에서 암모니아의 악취가 나지 않을 뿐만 아니라 휘산에 의한 질소비료의 손실도 막아 주는 일석이조의 효과가 있다.

냉장고에 넣어 두면 나쁜 냄새를 제거해 주는 악취제거제(惡臭除去劑)인 '제오라'라고 하는 것도 막상 알고 보면 건조한 비석을 입상(粒狀)으로 만든 상품이다.

또한 비석 입자의 표면에 은이나 구리를 흡착시킨 분말을 도료에 섞어서 칠을 하기도 하고 피복(被覆)하거나, 플라스틱 원료에 첨가하여 제품화하면 은이나 구리에 접촉된 미생물이 사멸하므로 뛰어난 살균 효과를 얻을 수 있게 된다. 따라서 곰팡이나 부패균의 번식을 방지하기 위한 식품 포장재로서, 섬유류 및 표지(標識) 카드 등에도 은이나 구리를 흡착시킨 비석을 사용하고 있다.

한편 비석은 그 자체로는 휘발성 유기물질(VOC : Volatile Organic Compound)을 흡착하거나 분해시키는 능력이 아주 적다. 그러나 비석에 적당한 물질을 흡착시켜 복합체를 만들면 많은 종류의 휘발성 유기물을 선택적으로 흡착 또는 분해하여 제거할 수 있게 된다.

비석의 미세 동공 속에 암모늄이나 카리 성분을 흡착시키거나, 비료를 비석에 용융(熔融) 흡수시키면 수용액에서 흡착하는 양보다 두 배 이상의 비료를 보유하게 된다. 이것을 비료로 시용(施用)하면 토양 중에서 비료 성분이 동공을 빠져나오는 데 시간이 걸리므로 완효성 비료(緩效性肥料)의 기능을 하게 될 것이다.

그뿐만 아니라 비석을 그 자체만으로, 혹은 특수 물질을 흡착시켜 복합체를 만들어서 고체산(固體酸) 촉매로 이용하면 각종 액체산(液體

酸)을 사용할 때보다 편리한 점이 많다. 또한 액체산을 사용한 경우에는 최종적으로 알칼리로 중화시켜야 하므로 반응폐기물이 발생하지만, 비석을 촉매로 사용하면 그러한 부산물이 생겨나지 않는다는 장점이 있다. 비석의 이러한 촉매 성질을 이용하여 나이론 합성 등 많은 유기화합물의 합성 등에 비석을 고체산 촉매로 널리 이용하고 있다.

공장 또는 자동차가 내뿜는 배기가스가 대기를 오염시킨다. 이러한 가스 속에 들어 있는 유독성분을 제거하여 정화하기 위해 가스를 화학약품에 흡수시키는 처리를 하고 있다. 그러나 이러한 방법들은 높은 반응열(反應熱)이 발생하고 생성되는 부산물인 폐액(廢液)의 처리가 어려울 뿐만 아니라 재료마저 부식시키는 문제가 생겨난다.

하지만 흡착성이 큰 비석을 이용하면 유독한 아황산 가스, 유화수소 및 탄산가스를 흡착 분리하여 대기의 정화 효과가 한결 높아진다.

그뿐만 아니라 천연 비석은 동물의 사료첨가제(飼料添加劑)로도 쓰인다. 사료에 천연 비석 분말을 첨가해 주면, 거기에 들어 있던 각종 무기염류는 동물이 필요로 하는 무기영양분이 된다. 또한 비석은 동물의 장내(腸內)에서 일어난 이상 발효로 생기는 가스를 흡착하고, 과잉의 수분을 흡수해 준다. 따라서 가축의 설사를 막아 주기 때문에 축분(畜糞)의 처리가 아주 쉬워진다.

닭 사료에 비석을 첨가해 주면 계분(鷄糞)이 거의 건조된 상태로 배출되기 때문에 그 처리가 아주 용이한 것은 잘 알려진 사실이다.

또한 비석은 보비력(保肥力)이 매우 크기 때문에, 이것을 토양에 넣어 주면 비료 성분을 붙잡아두는 능력이 증가하여 비료 성분이 유실되는 것을 막아 준다. 그리고 토양 속에 수분을 오래도록 보관하는 능력이 커질 뿐만 아니라 토양의 끈적끈적한 점착성을 줄여 주기 때문에 경운(耕耘)하기가 쉬워진다. 이와 같이 비석은 좋은 토양 개량제이므로, 경작지에 비석을 넣어 주면 토양의 성질이 개량되어 안전농업을 할 수 있다.

비석으로 도자기를 만들면, 생리활성(生理活性)을 띤 도자기가 되어 중금속 등 유해 성분은 물론 각종 악취 또한 제거해 줄 것이다.

물 속에 가라앉은 하찮은 진흙이 이와 같이 신비로운 힘을 지닌 비석으로 다시 태어나는 자연을 생각하면, 그 신비한 마법에 나도 모르게 옷깃을 여미고 합장하고픈 마음이 된다.

비누돌

규산판 두 장 사이에 알루미늄판 하나가 샌드위치처럼 끼여 있는 모양을 가진 점토광물(粘土鑛物) 중에 '몬모리나이트'라는 것도 포함되어 있다. 이 점토광물은 두 개의 입자가 서로 떨어진 것이 아니고, 한 쪽 입자의 규산층과 다른 쪽 입자의 규산층 사이가 마치 주름치마니 손풍금처럼 연결되어 있다. 그러나 그 층과 층 사이[層間]는 자유롭게 열려 있기 때문에 그 속으로 부피가 큰 물질이 들어가면 층간(層間)이 늘어나고, 작은 물질이 들어가면 그 크기만큼 수축하는 성질을 갖고 있다.

이러한 성질 때문에 몬모리나이트를 팽윤토(膨潤土)라고도 부른다. 이처럼 두 층 사이에 넓은 공간이 발달되어 있어, 많은 물질을 그 속에 보관할 수 있는 것이 몬모리나이트의 큰 특징이다.

기계를 만지던 손에 기름때가 묻어서 물로 씻기가 힘들 때면, 우리는 먼저 흙에다 손을 문질러 대부분의 기름때를 닦아 내고 그 다음

진흙 목욕을 하고 나면 피부의 지방분과 각종 노폐물이 제거되어 깨끗한 피부가 된다. 진흙팩이 잘 팔리는 이유도 이와 같은 원리를 이용한 것이다. 윤기 있는 피부를 갖기를 원하는 여성들이 당연히 선호할 일이다.

비누칠을 한다. 또 고산지대의 유목민 가운데는 높은 산에 살기 때문에 물을 구하기 어려워 흙에다 옷을 문질러서 대강의 빨래를 하고 나중에 물로 헹구기만 하는 부족도 있다고 한다. 흙에다 손이나 옷감을 문지르는 것은 토양 속에 들어 있는 점토광물의 넓은 표면과 공간에 기름때가 묻어 들어가도록 하는 행위이다.

하와이의 화산지역에는 수십 분 간격으로 흙탕물 기둥을 뿜어 내는 간헐온천이 많이 있고, 그 주위에는 온천 진흙탕이 있다. 거대한 몸집을 한 여성들이 이 진흙탕 속에 들어가 온 몸에 진흙을 덮어쓰고, 진흙 목욕[沐浴]을 하고 있는 장면을 TV 화면에서 본 일이 있을 것이다. 그뿐인가, 요즈음 유행하는 진흙팩이라는 것도 같은 이치이다.

이것은 그 진흙 속에 몬모리나이트가 많이 들어 있기 때문에 그것의 흡착성을 이용하여 피부미용을 하는 행위이다. 층과 층 사이의 공간이 발달한 몬모리나이트가 우리의 피부와 닿으면, 피부에 묻은 노폐물은 물론 땀구멍 속에 들어 있는 찌꺼기까지도 열려 있는 몬모리나이트의 층간에 흡착된다.

그렇기 때문에 진흙 목욕을 하고 나면 피부의 지방분과 각종 노폐물이 제거되어 깨끗한 피부가 된다. 진흙팩이 잘 팔리는 이유도 이와 같은 원리를 이용한 것이다. 윤기 있는 피부를 갖기를 원하는 여성들이 당연히 선호할 일이다.

몬모리나이트의 이러한 성질을 정유공장에서도 이용하고 있다. 기름에 들어 있는 혼탁한 불순물을 제거하고, 맑고 투명한 기름을 얻기 위해서 몬모리나이트를 쓴다.

또 이것은 포도주나 정종과 같은 발효주의 제조에도 이용된다. 단백질을 포함한 혼탁물 때문에 술이 탁하게 보일 때, 몬모리나이트를 넣어 혼탁한 물질들을 흡착시켜 침전하게 함으로써 맑은 술을 얻는다.

어디 그뿐이겠는가. 몬모리나이트는 카드뮴과 같은 중금속을 잘 흡착하기 때문에 이것을 공장폐수 정화처리제로 쓰면, 폐수 중에 들어 있을 각종 중금속이나 유해물질을 흡착하여 제거하므로 폐수정화에도 효과가 크다.

몬모리나이트의 또 하나의 중요한 특성은 물을 흡수하면 그 부피가 두 배 정도로 팽창하는 것이다. 이러한 성질을 이용하려고 댐이나 하천의 제방을 축조할 때 흙 속에 몬모리나이트를 섞어 넣는다. 제방에 구멍이 나서 물이 스며나오게 되면 몬모리나이트가 물을 흡수하여 부피가 늘어나서 그 구멍을 막아 주기 때문에 누수(漏水)를 미연에 방지할 수 있게 된다.

누수(漏水) 이야기와는 조금 다르지만 몬모리나이트의 팽창에 얽힌 이야기로는 갈릴레이의 고향인 이탈리아의 피사 시(市)에 있는 사탑(斜塔)에 얽힌 이야기도 빼놓을 수 없을 것이다.

로마네스크 양식을 대표하는 원통형의 이 탑이 5도 30분이나 비스듬히 기울어져 있다는 사실은 이미 모두가 아는 바이며, 갈릴레오 갈릴레이가 쇠공과 새 털로 낙하실험을 하여 낙하의 법칙을 증명하였기 때문에 더욱 유명해진 것도 잘 알려진 사실이다.

한때 피사 시의 시장은 그 시의 가장 큰 관광명소인 이 탑이 더 기울어져 허물어지는 것을 방지하기 위하여, 탑을 똑바로 세우는 방법을 현상모집한 적이 있었다. 그 때 수많은 아이디어를 물리치고 토양학자의 제안이 채택되었다.

사탑(斜塔)의 기울어진 쪽 밑부분의 땅을 파서 거기에 몬모리나이트를 넣고 묻은 다음 물을 부어 주면, 이 광물의 부피가 서서히 팽창하기 때문에 이 힘으로 사탑을 바로 세울 수 있다는 제안이었다.

이 방법으로 피사의 탑을 바로 세울 수 있다는 판단이 내려졌다. 그러나 시의회에서는 이 방법의 실행을 반대하였다. 피사의 탑은 기우뚱하기 때문에 관광객이 찾아오는데, 그것이 바로 서 버리면 겨우 50미터 남짓하고 294계단밖에 되지 않는 이 작은 탑을 보러 누가 그 멀리까지 찾아오겠는가 하는 이유 때문이었다. 몬모리나이트의 팽창력을 본격적으로 실증할 좋은 기회를 한 번 상실했다.

그러나 그러한 팽창력에도 약점은 있다. 물을 흡수하여 몬모리나이트의 부피가 늘어나면 경도(硬度)는 그만큼 반비례해서 줄어든다. 마치 비누를 물에 불리면 흐물흐물해지면서 부풀어지는 것과 같은 이치이다. 그래서 비누돌이라고 할 수도 있고, 쌀로 빚은 백설기떡처럼 보인다고 해서 떡돌이라고도 한다.

이 점토광물이 많이 섞인 토양은 장마철에 부풀어져 딱딱함이 줄어들기 때문에 그 위에 있는 바위를 지탱할 수 없게 되어, 산사태를 내거나 축대를 무너뜨릴 염려가 있다고 하겠다. 그러므로 장마 때면 불청객으로 찾아오는 산사태나 축대의 붕괴만 탓할 것이 아니라, 우리 주위의 토양 속에는 어떤 점토광물이 들어 있는지 미리 점검하여 가만히 앉아서 재난을 당하는 일이 없도록 해야 할 때가 온 것 같다.

흙 속의 마술사 - 철분

인류가 생활해 오면서 인간이 동물과 근본적으로 달랐던 것은 도구와 불을 사용하였다는 점이다. 인간은 석기와 청동기를 쓰다가 마침내 철을 발견하여 사용하게 되었으며, 철을 잘 사용한 민족이 세계를 제패하게 되었다. 이처럼 철은 인류문화의 발달에 중요한 위치를 차지해 왔으며, 지금노 철강 생산량이 그 나라의 국력을 가늠할 정도이다.

철은 이처럼 도구나 무기와 같은 외형적인 것에만 중요한 것이 아니다. 철은 동물의 피 속에서 산소를 공급하고 탄산가스를 담아 몸 밖으로 내다버리는 신진대사의 역할도 맡아 한다. 그러므로 몸 속에 철분 함량이 적어지면 빈혈을 일으켜 생기를 잃게 된다.

이러한 철은 암석과 토양 중에도 평균 1할 이상이나 함유되어 있으며, 그 함량에 따라 토양의 성질에 크게 영향을 준다. 토양 속에서 철은 시시각각으로 변하는 칠면조의 깃털 색처럼 여러 가지 빛깔로

일년 농사를 끝낸 늙고 피로한 토양에 젊고 원기왕성한 적황색 토양을 넣어 새 활력을 불어 넣어준다. 사진은 객토 장면이다.

존재한다. 붉은색으로, 때로는 노란색으로, 심지어는 푸른색에 이르기까지 없는 색이 없을 만큼 다양한 색을 띠는 물질로 존재한다.

흰색으로 반짝이고 있는 쇠가 녹이 슬면 빨간색이 된다. 바로 이러한 붉은 산화철이 물과 화합하는 정도에 따라 그 색깔이 달라지는데, 함수량이 많을수록 빨간색의 철이 점차 노란색의 철로 변한다. 한편 토양이 물 속에 잠겨 산소가 부족한 환경에 오래도록 있게 되면, 빨간색의 철이 환원하여 청회색(靑灰色) 내지 청록색(靑綠色)으로 변색한다.

호주의 원주민들은 지금까지도 동굴에다 현대의 안료를 사용하지 않고 흙만 칠하여 벽화를 그린다. 이러한 생채화(生彩畵)를 보고 어느 시인은 색감이 은은하며 거부감이 없어 좋다고 칭찬하였다. 원주민들은 마술사처럼 색의 요술을 부릴 수 있는 철분이 든 흙을 그림에 이

용할 줄 알았던 것이다. 과학도의 입장에서 보면 좀이나 벌레가 덤비지 않고 쉽게 탈색되지도 않기에 오래도록 보존할 수 있는 장점이 있다고 생각하기만 했지만…….

호주의 원주민들보다 훨씬 과학적으로 철분의 변식을 이용할 줄 알았던 사람들이 있었다. 바로 독일의 화학자들이다. 그들은 철의 기묘한 변색 과정을 발견했던 것이다. 그뿐인가, 철의 변색성을 이용하여 모든 빛깔의 페인트를 만들어 내었다. 이와 같은 다양한 빛깔의 페인트를 가졌던 덕분(?)에 독일인들은 각종 무기를 은폐하는 데 성공할 수 있었고, 이로 인하여 세계 모든 나라를 상대하여 세계대전을 벌일 엄두를 내었던 것이다.

이러한 철의 변색성은 흙으로 빚는 도자기에서도 한 몫을 톡톡히 한다. 도자기에다 쇠의 녹물로 그림을 그려 넣고, 굽는 가마 속의 온도를 달리하면 그림의 빛깔이 달라진다. 붉은 녹물로 그린 그림이라도 환원 불꽃 속에서 구우면 파란색의 그림으로 나타나기도 한다. 이처럼 도자기의 안료로 사용될 때와 마찬가지로 자연 상태에서도 토양 속의 철분은 같은 원리로 그 색이 변한다.

우리 나라의 토양이 적황색을 띠고 있는 것은 산화철이 많이 들어 있기 때문이며, 개울의 밑바닥 토양이 푸른색을 띠는 것은 환원된 철분의 빛깔 때문이다. 이러한 토양 속의 철분은 바로 우리의 생명을 지켜 주는 소중한 원소이기도 하다. 그래서 우리는 철분이 모자라는 토양에다 철분을 보충해 주려고 노력하는 것이다.

가을걷이가 끝난 들판에 붉은색의 흙더미가 여기저기 놓여 있는 것을 볼 수 있다. 일년 내내 쉬지 않고 농작물을 키우고 열매를 익게 하느라고 지쳐 버린 노쇠한 회백색(灰白色) 토양에 아주 싱싱하고 빠알간 젊은 토양을 넣어 주면, 젊은 생기가 늙고 지친 토양에 스며들게 되어, 이듬해에도 건강하게 활동할 수 있는 토양이 될 것이다.

토양 속에 들어 있는 철분은 토양의 색깔만 바꾸는 것이 아니라 토양 속에 살고 있는 지렁이의 몸색도 붉게 물들게 하고, 철분에 흡수되어 이를 먹고 살아가는 동물은 물론 우리 몸의 피까지도 붉게 만들어 준다. 이렇게 좋은 철분을 넉넉히 가진 싱싱하게 살아 있는 토양을 잃어 버리게 된다면 바로 그 때 우리의 생명 역시 위태롭게 될 것이다.

표토를 지키자

세계 어느 나라를 두루 살펴보아도 우리 나라처럼 사계절이 뚜렷한 나라는 찾아보기 어렵다. 봄, 여름, 가을 그리고 겨울이 확연하게 구분이 된다. 그런데 이러한 사계절 외에 또 하나의 독특한 기간이 있으니, 이를 장마철이라고 한다. 어떤 이는 이 기간을 포함하여 오계절(五季節)이라고까지 부른다.

장마철은 보통 매년 6월 하순에 시작하여 7월 중순에 이를 때까지의 약 한 달 가량으로, 이 기간 동안 지루하도록 많은 비가 끊임없이 내린다. 그러나 우리 민족은 이러한 계절(?)에 너무나 익숙해져서, 이 때를 잘 활용하여 오히려 벼농사라는 독특한 농사 형태를 만들어냈다.

그런데 1998년은 장마가 예년보다 일찍 시작한데다 8월 하순에 이르기까지 더 오래 지속되었다. 그 동안 전대미문(前代未聞)의 엄청난 강우량을 기록하고, 그것도 지역에 따라 들쭉날쭉의 게릴라성 집중호우라서 기상청마저 갈피를 잡지 못하는 눈치였다.

기상청 발표에 의하면 이러한 기상 이변은 적도 부근의 중태평양 해수면에 발생한 이상 고온 현상인 '엘리뇨'와 적도 부근의 동태평양 해수면에 형성된 저수온(低水溫) 현상인 '라니냐'가 서로 급박하게 교차하기 때문에 일어나는 현상이라고 한다.

실제로 1997년 11월 페루 연안의 해수면 온도가 평년보다 무려 5℃ 높은 엘리뇨(남자 아이의 뜻)가 극성을 부렸으나, 1998년 6월 이후에는 페루 연안만 남겨 놓고 적도 부근 중태평양 해역을 중심으로 수온이 평년보다 2~3℃ 낮은 라니냐(여자 아이의 뜻) 현상이 동서로 확장했다.

이로 인하여 지구촌 곳곳에서 가뭄, 산불 및 홍수 등 기상 이변이 끊임없이 일어났다.

매년 비가 많이 쏟아지던 열대 우림지역에 한발(旱魃)이 찾아들어 잦은 산불로 말미암아 밀림을 태워 버렸다. 한편 그 곳에 내려야할

최근 기상 이변으로 인하여 매년 비가 많이 쏟아지던 열대 우림지역에 한발(旱魃)이 찾아들어 잦은 산불로 말미암아 밀림을 태워 버렸다. 한편 그 곳에 내려야할 비가 다른 지역으로 옮겨가 집중적으로 쏟아붓는 게릴라식 호우로 하천의 범람 등 홍수의 피해가 빈번히 일어났다.

비가 다른 지역으로 옮겨가 집중적으로 쏟아붓는 게릴라식 호우로 하천의 범람 등 홍수의 피해가 빈번히 일어났다.

적도 무역풍은 해수의 온도를 낮추는 것과 동시에 태평양 적도 지역의 고온다습한 공기를 태평양의 동쪽인 동남아시아를 거쳐 중국 남부로 끊임없이 불어넣는다. 이 때 엄청난 분량의 습기는 기존의 저기압과 접촉하여 거대한 비구름대를 형성하게 되고, 이 구름을 양쯔강(揚子江)의 상류에 쏟아부으니, 작년과 같은 양쯔강의 대범람까지 일어나게 되었다.

이 비구름대의 일부가 상층 Z기류인 편서풍을 타고 한반도로 이동해 와서, 여기 저기 기습하듯 폭우를 쏟아붓고 다녔다. 이러한 결과로 한반도의 대부분 지역이 홍수로 물바다를 이루었다.

엄청난 재산 피해는 물론 실종자와 사망자가 속출했다. 강둑이 터지고, 도로가 떠내려갔으며 산이 무너져 내렸다. 마을은 온통 흙탕물에 잠겼고 자동차가 다니던 도로는 뱃길이 되고 말았다. 잠시 비가 멈추고 물이 빠져나간 자리에는 오물과 함께 진흙 뻘이 겹겹이 쌓여 엉망진창이었다.

이 엄청난 분량의 진흙 뻘은 과연 어디에서 왔을까?

자연계에서는 끊임없이 토양이 생겨나기도 하고 그것이 사라지기도 한다. 토양이 생겨나는 속도보다 사라져 없어지는 속도가 빠를 경우에 이를 토양이 침식된다고 한다.

토양의 침식은 바람이 일으키기도 하지만 주로 물이 그 원인이 된다. 물 그 자체는 아주 연약한 물질이지만, 무리(?)를 이루면 바위를 뚫고 산을 무너뜨리는 무서운 위력을 보여 주기도 한다. 물은 흐르는 속도가 빨라지면 그 운반력과 파괴력이란 상상을 초월할 정도로 갑자기 커지게 된다. 예를 들면 물의 흐르는 속도가 두 배 빨라지면 운반력은 32배로 증가하고 파괴력은 4배로 커진다.

이와 같이 물에 의하여 토양침식이 일어나려면 유수(流水)의 양과 속도가 무엇보다도 중요하지만 먼저 토양 입자가 분산(分散)되어야 한다. 토양이 분산되지 않고 덩어리 상태로 있으면 지표수에 의해 토양 입자가 좀처럼 떠내려가지 않으며, 막상 토양이 분산되어 흙탕물이 되어도 흐르는 물이 없으면 침식이 일어나지 않을 것은 뻔한 이치다.

그러므로 토양이 침식되어 떠내려가는 것을 방지하려면 토양이 분산되지 않도록 토양을 덩어리[粒團]로 만들어야 한다. 또한 뿌리가 많은 식물을 심어, 식물 뿌리가 토양 입자를 꼭꼭 붙들어 놓도록 해야 한다. 그러기 위해 나지(裸地)에는 잔디를 심거나 초원을 조성하며, 경사진 비탈엔 물길을 꾸불꾸불 돌려 물의 흐르는 속도를 늦추도록 하는 조치가 필요하다.

미국의 농경지 3,000평(1정보)에서는 연간 약 20톤의 표토가 물에 떠내려 가버린다고 하니, 50년이 경과하면 10cm 두께의 귀중한 경토(耕土)가 사라지게 될 것이다. 그런데 맨 땅으로 노출되어 사막화에 직면하고 있는 아프리카의 토양은 미국의 경토(耕土)보다 5배 이상이나 빨리 유실되고 있으니, 이대로 방치하다간 십여 년만 지나면 현재의 표토가 전부 없어지게 될지도 모른다.

한편 우리 나라에서는 논토양보다 밭토양의 침식이 더 크다. 우리 나라의 밭은 전체의 6할 이상이 경사도 7%를 넘는 비탈진 언덕에 위치하고 있으므로 침식되기가 아주 쉬운 상태에 놓여 있다. 더욱이 대부분의 밭은 모래땅이고 유기물이 거의 들어 있지 않으므로, 토립(土粒)은 거의 입단화(粒團化)되어 있지 않을 뿐만 아니라, 토양의 입단화를 많도록 하기 위한 작부체계(作付體系)조차 제대로 갖추지 못하고 있다.

그러므로 토양침식에 대한 대비가 거의 없는 상태로 방치되어 있으니 매년 기름진 표토의 0.3% 이상이 그대로 유실되고 있다. 이러한 상태로 30년만 지나면 우리 나라 밭의 경토(耕土)는 모두 없어지게 된다는 계산이 나온다.

이와 같은 상황에 있는 밭토양이기에 1998년도와 같은 큰비에는 쉽게 흙탕물을 이루고 하류로 떠내려와서 범람지역에 침전하여 쌓이게 된다.

억세고 강하게 보이는 바윗덩어리도 오랜 세월 동안 풍상에 시달리다 보면 푸석푸석한 물질로 변하게 된다. 이것이 바로 토양의 원료인 모재(母材)인 것이다. 이런 모재가 10cm 두께로 쌓이려면 적어도 2, 3천 년이라는 세월이 필요하다고 한다.

또 토양에 들어 있는 점토의 생성 속도는 지구 전체로 보면 연간 약 6억 톤쯤 생긴다. 이 양을 남극을 제외한 전 육지면적으로 나누어 보면 1,000년에 1mm 정도의 점토층이 형성된다는 계산이 나온다.

토양의 평균 점토 함량을 10%라고 가정한다면, 암석이 파괴되어 토양이 되는 속도는 1,000년에 10mm가 되고, 1만년이 경과하여야 10cm의 토양층이 생긴다는 말이 된다. 그것도 토양 침식이 전연 일어나지 않는다는 조건하에서일 경우이다.

이렇게 오랜 세월의 인고(忍苦) 끝에 태어난 토양을 잠시 잘못 관리하면 단 하루 만에 모두를 망쳐 버리거나 잃어 버릴 수도 있다. 토양은 한 번 쓰고 나면 다시는 사용할 수 없게 되는 다른 자원들과는 근본적으로 다르다. 우리가 올바르게 관리하고 보전만 한다면 영원히 재사용할 수 있는 귀중한 자원이다. 이 귀중한 자원을 우리 당대의 것으로만 보는 단견(短見)을 버리고, 자손 대대로 물려주어야 할 의무가 우리에게 있음을 잊지 말아야 한다.

달에서 농사를

미·소 두 나라가 광활한 우주를 개척하려고 우주경쟁을 벌이고 있을 때, 꿈 같은 그들의 과학기술을 보고 그냥 입만 벌리고 있었을 뿐이었다. 우주선이 하늘을 힘차게 날아가는 것만으로도 만화 같은 일이라고 생각했었는데, 우주 공간에서 우주선끼리 '도킹'하여 승무

원들이 서로 다른 우주선으로 옮겨 타는 장면에는 할 말을 잊었었다. 그보다 달에 안착한 우주선에서 정말 사람이 나와, 달에 첫 발을 내디딜 때는 꿈을 꾸는 것이 아닌가 여겼었다.

문명이 시작되던 그 때부터 인류는 달과 화성을 방문하여 거기에 정착할 꿈을 키워 왔다. 그러면서도 달은 아름다운 동경(憧憬) 속의 황홀경이었다. 달을 쳐다보며 멀리 떨어져 있는 님의 얼굴을 그 위에 그려보기도 하고, 향수에 젖어 눈물로 밤을 지새게 하는 낭만적인 존재였다. 이러한 이율배반적인 존재가 인간에 비친 달의 모습이었다.

이러한 달이 우리의 상상 속을 탈출하여 이제 현실로 우리 앞에 그 진면목을 적나라하게 보여 줄 날도 그렇게 멀지 않을 것 같다. 미국의 연방항공우주국(NASA)에서는 우주개발 계획을 수립해 두었다. 먼저 지구에서 해야 할 일을 착수한 다음 태양계를 탐사한 후, 달에 정착하여 기지(基地)를 확보한 연후에 최종적으로 화성에 인류를 보낸다는 계획이었다. 거기에는 막대한 비용과 특수한 기술이 요구된다. 이렇게 막대한 예산 때문에 이 계획을 실천하기 위해서는 극심한 정치 및 문화적 압박을 견뎌내야만 했다.

낮은 지구 궤도를 맴도는 우주정거장이나 우주선은 그 공간이 너무 좁기 때문에 그 곳에서 장기간 체재한다는 것은 거의 불가능하다. 여기에 문제가 생기는 것이다. 우주선을 타고 가서라도 인간이 또 다른 세계를 개척하려면 그 곳에 장기간을 체류할 수 있어야 한다. 그러기 위해선 그 곳에 기지를 건설하고 적어도 의식(衣食)을 스스로 조달할 수 있어야 할 것이다.

암스트롱이 달에서 갖고 온 먼지와 암석 조각을 조심스럽게 정밀 분석하여 보았으나 달에는 생물이 없는 것으로 판정이 났다. 달의 암석 파편에 들어 있는 화학 성분은 지구의 화성암(火成巖)과 그 조성이

달기지에서. 공기 밀도가 낮은 관계로 운석과 우주선이 아무런 장애 없이 달표면과 부딪친다.

거의 비슷하였으나, 달 표면의 입자는 아주 보드라운 모래[細砂]보다 작은 것이 대부분이었다.

달에서 식물을 키우려면 지구에서 재배하는 것과 같이 쉽게 생각해서는 안 된다. 딜의 지질학적 환경은 지구와 니무나 차이가 크기 때문이다. 달 표면의 중력은 지구의 1/6에 지나지 않으며, 달의 자전주기는 약 27.3일이다. 그러니 달의 낮과 밤은 각각 약 2주씩이다.

식물은 햇볕이 있는 낮 동안에는 광합성을 하지만 어두운 밤에는 호흡작용을 하면서 휴식을 취한다. 그렇기 때문에 달 표면에서 식물을 재배하려면 계속되는 낮의 처리는 물론 2주간의 밤에는 어떤 방법으로든 에너지를 비축하여 긴 밤을 위해 인공 빛을 준비하여야 한다.

달 표면의 온도는 위치에 따라 그 차이가 매우 크며 일중(日中)의 변화폭도 엄청나다. 낮 동안 적도지방에서는 12시경에 200℃ 정도이

나 해가 지면 순식간에 영하 200℃ 이하로 떨어진다. 그러나 달 표면
에서 30cm 밑의 온도는 큰 변화가 없으며 약 영하 25℃ 정도라고 한
다.

또 달에는 공기의 밀도가 아주 낮아서 방사선(放射線), 우주선(宇宙
線) 및 자외선(紫外線) 등이 공기에 의해 거의 차단되지 않고 조사(照
射)되므로, 달 표면에 그대로 노출된 채 작업하는 것은 너무 위험하
다. 또 우주선(宇宙線)이나 운석(隕石)이 전속력으로 낙하하여 표면과
충돌하기 때문에 건물은 물론 암석이 쉽게 파손된다. 그런 까닭으로
달 표면에 있는 암석 및 운석의 파편은 잘게 부서져서 아주 보드라운
모래 입자보다 작은 입자로 되어 있다.

그러나 이러한 암석이나 광물 조각은 운석과 월석(月石)이 충돌하
여 생긴 열 때문에 용융된 후 급냉하였기 때문에 다공질(多孔質)의 상
태로 존재한다. 표면에서 수mm까지의 입자들이 갖는 용적비중(容積
比重)은 0.8~1.0로 부석(浮石)처럼 물에 뜨지만, 10cm 이하에 있는 입
자는 1.5~1.8 정도로 지구의 모래보다 훨씬 가볍다. 또 공극률(空隙
率)은 35~45%이며 모래알처럼 덩어리를 이루지 않고 홑 알[單粒]로
존재한다. 그러나 응집성이 매우 커서 물을 넣어 주면 밀가루와 같이
반죽이 잘 되고 열차단성이 우수하다.

이와 같은 성질을 갖고 있는 달 표면의 물질을 이용하여 달에서 식
량을 생산한다면 에너지와 장비가 크게 절약될 것이다. 달 표면의 물
질도 지구의 토양과 비슷하게 완충 능력이 있으며, 수분을 보유하고
양분을 공급하는 능력을 갖고 있다. 다량이든 소량이든 많은 종류의
영양분이 암석의 풍화로 천천히 녹아 나온다. 이러한 성분들은 지구
에서 옮겨올 필요가 없는 장점도 있으며, 이것들을 이용하여 필요한
물질을 달에서 만들 수도 있다.

토양이 우리의 가장 값지고 재생하지 않아도 되는 자연자원임을 우리는 알고 있다. 토양은 식량과 섬유를 생산하고, 폐기물을 순환시켜 주며, 대기권의 균형을 잡아 주는 생물을 유지케 한다. 이 모든 것이 지구라는 위성에 우리가 살아가는 데 꼭 필요한 것들이다.

적당한 환경만 된다면 달에서도 농사를 지을 수 있다. 그리고 적지 않은 것을 기대할 수 있을 것이다. 지상의 식물은 토양의 용액 속에 들어 있는 요소들에 적응하여 그 농도에 순화(馴化)되어 있다.

그러나 달의 '토양'에서는 지구 토양과는 달리 특수한 성분이 높거나 지구의 토양과 아주 다를 수도 있는 것이다. 13가지 요소(要素)는 농도가 높아지면 지구 식물에도 독성을 나타낸다. 그런데 월석(月石)에는 몇 가지의 중금속이 많이 들어 있는데, 특히 니켈(Ni)과 크롬(Cr)이 많다. 이것은 미생물과 동식물에 독성을 나타내는 성분이다.

달에서 효율적으로 식량을 생산하기 위해서는 토양에 재배하기보다, 비료가 녹아 있는 물에서 재배하는 수경(水耕)과 양분이 들어 있는 용액을 안개처럼 작은 물방울로 분무하는 분무경(噴霧耕)이 쉬울 것으로 생각된다. 여기에 달 표면의 물질들을 그대로 이용할 수도 있으나, 독성 성분의 종류와 농도가 장애가 될 수 있을 뿐만 아니라 완충능(緩衝能)이 작기 때문에 그 또한 쉽지 않을 것 같다.

지구의 토양은 재사용이 가능한 배양기(培養基)이다. 또 인간이 멋대로 남용하고 환경이 아무리 휘저어도 급변하지 않고, 물리·화학적으로 서서히 변해 간다. 암석이 풍화하여 생긴 점토광물과 유기물이 들어 있는 토양은 완충능이 크기 때문에 외부 자극에 대해 충격 완화제의 역할을 한다.

식물의 유체(遺體)나 동물의 분뇨는 유기질 비료로서 많은 작물에 좋은 반응을 준다. 경운(耕耘)을 쉽도록 하고 수분을 보관하며 종자를 발아케 하고 식물 뿌리를 배양한다. 인간의 분뇨는 독을 제거하고 병원균을 없애면 가치 있는 비료가 된다. 이것들은 월석(月石)에는 없는 중요한 탄소(C)와 질소(N)를 공급하며 달의 기지(基地)처럼 완전히 통제된 생태계에서는 아주 중요한 성분인 것이다.

달에서 농사를 짓는다면 이와 같은 유기질은 물론 물이나 지구에서 가져온 물질들을 철저하게 재순환하여 재이용해야 한다. 월석에서 수소와 산소를 분리하고 이것을 합성하여 물을 만들어 이용하고, 월석의 규소와 알루미늄을 원료로 하여 제오라이트를 합성하여 수경재배의 완충제로 이용해야 할 것이다. 이와 같이 달의 물질을 철저하게 이용하여 달 기지에서 자급자족할 수 있도록 해야 한다.

이러한 활동은 달에서 농사를 지을 때 일어날 일이지만, 그러한 계획의 결과는 지구 주위의 우주공간에서 산업화하는 데 기술적으로 크게 도움을 줄 것이다.

달에서 농사를 지으려고 계획하고 보니, 지구의 토양이 너무나 값진 보물임이 더욱 분명해졌다. 이러한 토양을 바로 옆에 있는 흔한 물질이란 이유 하나만으로 생각 없이 오염시켜 병들어 죽어가게 하다니 너무나 안타까운 현실이다.

토양이 죽어 버리면 지구의 표면 또한 달과 근본적으로 다를 것이 없어진다. 황량한 '죽음의 사막'으로 변할 것이다. 보석도 내 손 안에 있을 때 가치가 있다. 우주에서 가장 값진 지구의 토양을 잘 지키는 것이 현재를 살아가는 인류에게 주어진 가장 중대한 사명임을 깊이 깨달아야 할 것이다.

3
흙이 이룬 문화

흙과 함께한 나라들

중동전쟁이니 걸프전이니 하며 온 세계인의 이목을 집중시켰던 걸프 지역은 인류문화의 발상지로 알려진 메소포타미아 평야이다. 이 평야는 유프라테스 강과 티그리스 강 사이에 둘러싸여 있는 충적고원(沖積高原)이며 이 곳이 바로 이라크의 영토이다.

유프라테스와 티그리스 두 강은 터키에 있는 아르메니아 고원에서 발원하여 흘러오다가 바그다드 부근에서 가장 가까워지고, 그 곳에서부터 다시 멀어지지만 해머 호(湖)에 있는 쿠르나에서 합쳐져서 '샤트 알 아랍'이라는 하천이 되어 페르시아 만으로 흘러 들어간다.

두 강의 발원지인 아르메니아 고원은 옛날에는 울창한 삼림으로 덮여 있었다. 그러나 초기의 포도 재배자를 비롯한 양치기, 소치기들과 농민들에 의하여 삼림이 무참하게 벌채되어 토양이 알몸으로 노출되었기 때문에 장마철이면 두 강에서는 홍수와 범람이 거세게 일어나 고원의 황토는 심하게 침식되어 씻겨 내려갔다.

아르메니아 고원의 동쪽 사면(斜面)은 폭우가 내리는 지역이기 때문에 산지의 경사면은 심하게 침식을 받아 왔다. 그러므로 막대한 분량의 미사(微砂)가 도랑을 따라 계곡으로 떠내려 오고, 다시 두 강에 의하여 운반되어 하류의 강 연안에 범람하여 침전하였다. 이와 같이 오랜 세월 동안 미사가 계속해서 퇴적된 것이 바로 메소포타미아 평야의 충적토이다.

또한 아르메니아 고원에 쌓여 있던 눈은 봄이 되면 한꺼번에 녹기 때문에 두 강은 매년 봄이면 정기적으로 홍수를 입게 된다. 이 때 운반되어 퇴적되는 미사 또한 적지 않았다. 그렇기 때문에 메소포타미아 평야는 이러한 퇴적물이 오랜 세월에 걸쳐 계속 집적되었으므로 점점 높아져 결국에는 높다란 언덕을 이루게 되었다.

이와 같이 두 강은 봄, 여름 구분 없이 끊임없이 범람하였기 때문에 신석기 시대부터 메소포타미아 인들은 이 홍수를 퇴치하기 위하여 수로를 축조하는 등 물 관리에 힘을 기울였다. 이 곳에서 일찍부터 수학과 천문학이 발달한 것도 이러한 이유 때문이다.

이렇게 하여 형성된 메소포타미아의 충적토는 아르메니아 고원을 시원(始源)으로 하여 상류로부터 운반되어 내려온 유기물과 무기 영양분이 풍부한 미사질(微砂質) 입자가 퇴적되어 이루어진 토양이기 때문에 매우 비옥하였다.

미사(微砂)는 모래 입자보다는 작고 점토 입자보다는 크지만 표면적이 상당히 넓은 알맹이다. 또 암석의 파편인 1차광물로 구성되어 있기 때문에 무기 영양소가 많이 들어 있다.

미사가 많이 들어 있는 미사질 토양은 식물이 흡수하기 쉬운 유효 수분이 많고, 보수력(保水力) 또한 우수하기 때문에 세계의 곡창이라고 불리는 지역의 토양은 대부분 이 미사질 토양이다.

메소포타미아 평야의 충적토는 수천 년 동안 퇴적된 미사질 토양이기에 토심(土深)이 깊을 뿐만 아니라 경운(耕耘)이 그렇게 힘들지 않은 토양이다. 이런 토양에 배수로와 관개수로까지 갖추었으니 안전한 수확이 보장된 재배농업이 번창할 수밖에 없었다.

안전한 재배농업을 하기 위해 최초로 경작을 한 인류는 지금까지 알려진 바로는 팔레스타인에 있는 칼멜 산의 나투피안 동굴인(洞窟人)으로 되어 있으나, 메소포타미아 인 역시 최초의 경작자였음에는 틀림이 없는 것 같다.

재배농업이 제대로 뿌리를 내리게 됨으로써 많은 사람들이 한 곳에 집단으로 정착할 수 있게 되었다. 그리하여 기원전 5천 년경에 티그리스 강 유역의 하수나 언덕에는 최초의 농경집단인 촌락이 형성되었다. 티그리스 강 연안의 비옥한 토양이 주민을 정착시키고 부(富)를 축적하도록 하였으며, 이 곳을 중심으로 하여 다른 촌락을 세우기 위하여 개척자를 내보낼 수 있게 되었다.

이와 같이 재배농업이 성공하게 되자 결국엔 이를 중심으로 거대한 기생도시(寄生都市)를 건설하기에 이르렀다. 또한 영원한 부귀영화를 기원하려고 사원을 세우고, 막강한 권위를 과시하기 위해 궁전을 건축하게 되었으며, 이를 지키고 키우기 위하여 막강한 군대를 조직하고 양성하였다.

메소포타미아 평야에는 누 강이 제공하는 갖가지 혜택늘을 이용하는 방법과 정도에 따라 비록 크지는 않지만 특징이 다양한 많은 국가들이 생겼다. 이 중에서 군사적으로 우세한 국가가 약한 나라들을 강제로 통합하여 결국에는 거대한 통일된 국가를 이루게 되었다.

강요된 통합으로 비록 막강한 통일국가는 이룰 수 있었으나, 무리한 통합으로 인하여 이 비옥한 천혜(天惠)의 평야에서 건국하여 부강하게 될 때까지 의지했던 바로 그 토양을 황폐하게 만들고 말았다.

강력한 군사력을 가진 나라는 전쟁을 일으켜 거기에 인력을 소모하고, 이로 인하여 관개사업을 소홀히 한 탓으로 토양 자체를 황폐하게 만들었다. 전쟁에 맛들인 자들은 그냥 약탈하는 데에만 눈독을 들이게 되어 있다. 토양에서 계속 부(富)를 얻어낼 수 있도록 토양 비옥도를 회복하는 데에는 조금도 힘쓰지 않았기에 토양의 생산성이 점차 떨어지게 된 것이다.

토양에서 문명의 발생을 보고, 그 토양 위에서 영화를 누렸던 메소포타미아의 후예들은 이제는 토양에 보은(報恩)하기보다 오히려 원유를 토양에다 쏟아부어 토양의 숨통을 조이고, 전쟁을 일으켜 그 옛날처럼 또 한 번 토양을 죽이고 있지 않은가. 한정된 양의 기름에 눈이 어두워 무궁하게 부를 창출해 낼 수 있는 영원한 자산인 토양을 저버리는 어리석음을 그들의 '알라' 신은 어떻게 깨우칠는지ㅡ.

토양이 만든 인간상

하늘을 찌를 듯한 울창한 침엽수림, 잎새의 흔들림마저도 낭만을 안겨다 주는 활엽수가 우거진 푸른 산, 지평선 너머까지 끝간 데 없이 펼쳐진 탁 트인 초원. 이러한 풍경은 오염에 찌든 도시 생활을 벗어나고자 하는 욕망과 관계 없이도 그 곳에 푹 파묻혀 살기를 염원하는 이상의 낙원이라고 할 수 있다.

침엽수와 활엽수의 나무는 물론 초원에 자라는 한 포기의 풀에 이르기까지 모든 식물은 토양 속에 뿌리를 내리고, 거기서 자양분을 얻어가며 살다가 죽어서는 자신를 길러 준 그 자리의 토양으로 되돌아간다. 그러므로 식물은 토양의 성질에 따라 그 삶이 달라지게 마련이며, 동시에 토양의 성질 또한 그 토양에서 자라는 식물에 따라 달라지게 되어 있다.

그뿐만 아니라 토양과 식생(植生)에 따라 동물은 물론, 거기에 거주하고 있는 인간의 생활상 또한 영향을 받게 된다. 그래서 인류는 이와 같이 상이한 환경 속에서 제각기 그 환경에 적응하면서 서로 다른 역사를 발전시키면서 살아 왔던 것이다.

미국의 장편 서부극영화인 ‘서부 개척사’를 보면 자연에 분포한 식물상(植物相)에 따라서 거기에 적응하며 살아가는 인간들의 심성(心性) 변화가 그럴 듯하게 묘사되어 있다.

소나무나 잣나무가 우거진 침엽수림에 도착한 개척자들은 나무를 베어낸 자리에 씨를 뿌렸으나 토양이 척박하여 거둘 것이 없었다. 따라서 침엽수림에 징착한 사람들은 살아가기 위해 농입을 포기하고 금은 광산을 찾아나설 수밖에 없었다.

활엽수림지 역시 농사에만 의존해도 좋을 만큼 토양이 충분히 비옥한 것은 아니었다. 그러나 그 곳은 활엽수의 잎과 열매를 먹고 사는 동물이 많이 서식할 수 있기 때문에, 활엽수림에 정착한 사람들은 수렵생활을 하면서 생계를 유지했다.

반면에 초원에 도착한 개척민들은 넓은 초원의 풀들을 말끔히 불사른 다음 유기불이 많이 늘어 있는 비옥한 토양을 이용하여 농작불을 심고 목장을 경영하면서 부를 축적하였다.

회전민의 삼림훼손.
토양에 따라 식물상(植物相)이 정해지고, 그 식물에 의해 토양이 달라지며 이와 더불어 인간을 포함한 생태계가 고정되어 간다. 산성비(酸性雨)로 강산성이 된 토양에서나 오염물질로 찌든 토양에서는 정상적인 생태계의 유지가 불가능하며, 그런 환경에서 오래 살게 되면 인심 또한 황량해질 것이다. 훈훈했던 우리의 옛 인정이 자꾸만 시라져 가는 것도 오염물질로 병든 토양 탓으로만 여겨진다.

이처럼 토양과 거기에 자라는 식물, 그리고 이들이 만들어내는 환경이 바로 인간들의 생활 방법까지 결정짓게 된다. 그러므로 이들의 관계를 곰곰이 살펴보면 인간 삶의 역사도 저절로 밝혀질 것이다.

식물이 살아가려면 적당한 양분과 물 그리고 온도와 햇볕이 필요하다. 이들 중 어느 한 가지라도 빠지거나 부족하여도 정상적인 생장이 이루어질 수 없다.

토양은 이와 같은 식물의 생장 요인을 직접 또는 간접으로 제공하고 있다. 그리고 자신 안에 식물이 뿌리를 내리는 것을 받아들여 넘어지지 않게끔 식물체를 지탱해 준다.

그러므로 토양의 성질과 짜임새에 따라 식물의 종류가 정해지고 그 생장이 조절된다. 이렇게 하여 식물의 생육이 결정되면 먹이사슬에 따라 그것들에 의존하여 살아가는 동물 역시 고정된다. 이러한 인과(因果)에 따라 그 지역은 일정한 풍경을 이루게 된다.

토양에 따라 경관이 달라지고, 그 달라진 경관이 이번에는 거꾸로 토양을 변화시켜 새로운 토양이 생성되도록 유도한다. 이렇게 하여 토양이 변화하면 거기에 맞추어 또 다른 경관이 형성되는 그러한 순환을 거듭하면서 생태계가 결정되어 온 것이다.

모든 생물은 그 생명을 유지하기 위하여 에너지원을 필요로 한다. 그 중 녹색식물은 자연이 제공하는 유기물에만 의존하지 않고 태양광선의 에너지를 이용하는 독특한 존재이다. 이들은 광합성을 통해 당(糖)을 합성하고, 이 당으로 섬유소를 만들고 단백질과 지방을 합성한다.

이 식물이 죽으면 그 유체(遺體)는 토양과 섞이게 되어 그 토양에 유기물을 보태어 준다. 이 유기물은 토양에 이미 들어 있던 공기, 물, 무기물과 더불어 생물이 계속 살아갈 토양 환경을 유지해 나간다.

최초의 식물은 토양 중에 유기물이 없었기 때문에 풍화된 암석으로부터 무기(無機) 영양분만을 흡수했다. 그러나 그 후에 정착한 식물은 양분의 대부분을 먼저 살다가 죽은 식물의 유체(遺體)가 분해된 것에서 얻게 된다. 일정 면적에서 생산되는 유기물의 총량은 식물의 종류에 관계없이 거의 일정하다. 그러나 토양에 남게 되는 유기물의 양은 유기물의 생성과 분해되는 속도에 의해 결정된다.

토양생물의 생육에 적당한 조건이 되면 생물의 수는 유기물의 공급이 많을수록 증가한다. 그러나 생물이 어느 수준 이상이 되어 더 증가할 수 없는 환경이 되면 생물의 활동은 그 이상 진행되지 않는다. 이럴 땐 상당량의 유기물이 분해되지 않고 표토에 그대로 쌓인다.

또 일부의 분해된 유기물은 산(酸)을 생성하여 강산성을 나타내기도 하여 토양 중의 무기염류를 용탈(溶脫)케 함으로써 아주 척박한 토양이 되도록 한다. 침엽수림 하에선 바로 이런 토양이 발달한다.

반면에 초원에는 풀들이 무성하게 잘 자란다. 지상부가 번성한 것 이상으로 지하의 뿌리도 많이 발육한다. 이러한 풀뿌리의 대부분은 표토에 분포하고 있으므로 이 뿌리가 죽으면 쉽게 분해된다. 이렇게 분해된 유기물은 빗물에 녹아 토양의 깊은 곳까지 골고루 분산(分散)하여 저장됨으로써 초원의 토양은 매우 비옥해지게 되는 것이다.

이처럼 토양에 따라 식물상(植物相)이 정해지고, 그 식물에 의해 토양이 달라지며 이와 더불어 인간을 포함한 생태계가 고정되어 간다. 산성비(酸性雨)로 강산성이 된 토양에서나 오염물질로 찌든 토양에서는 정상적인 생태계의 유지가 불가능하며, 그런 환경에서 오래 살게 되면 인심 또한 황량해질 것이다. 훈훈했던 우리의 옛 인정이 자꾸만 사라져 가는 것도 오염물질로 병든 토양 탓으로만 여겨진다.

땀 흘리는 땅

한 여름철에는 잠시만 몸을 움직여도 흐르는 땀을 주체할 수가 없다. 그럴 때 시원한 나무 그늘에 앉아서 땀을 식히고 나면, 이마와 손등에 소금기가 나와 있는 것을 느낄 수가 있다. 땀구멍을 통해 몸 속의 노폐물과 염분이 땀으로 나와서 물기만 증발하고 염분은 그대로 피부에 남아 있기 때문이다. 인체에서와 같이 땅에서도 이와 같은 현상이 분명 일어나고 있다.

야산을 개간하기 위해 나무를 벌목하거나, 산불과 같은 화재가 지

토양 표면에 축적된 소금을 손에 든 농부. 야산을 개간하기 위해 나무를 벌목하거나, 산불과 같은 화재가 지나고 나면 토양은 아무 것도 걸치지 않은 알몸이 된다. 이런 나지(裸地) 토양은 뜨거운 햇볕을 직접 받게 되어 지온(地溫)이 급격히 상승하기 때문에 땅 껍질에서 수분이 증발하게 된다. 지표면에서는 물만 증발하므로 토양 표면에는 염분만 남게 된다. 이런 현상으로 염분이 계속 쌓이게 되면, 토양 표면이 하얗게 염분으로 덮이게 된다. 이렇게 하여 생겨난 토양을 염류토양(鹽類土壤)이라고 부른다. 이러한 토양은 강알칼리성으로 농작물이 자랄 수 없는 불모의 토양이다. 열대나 아열대 지대의 많은 나라에선 이와 같은 토양의 염류화 작용 때문에 경작지가 매년 줄어들고 있어 큰 고민거리로 되어 있다.

나고 나면 토양은 아무 것도 걸치지 않은 알몸이 된다. 이런 나지(裸地) 토양은 뜨거운 햇볕을 직접 받게 되어 지온(地溫)이 급격히 상승하기 때문에 땅 껍질에서 수분이 증발하게 된다.

이 때 토양 속의 수분은 모세관을 타고 땅 위로 올라와서 지표면에서 증발한다. 이것은 마치 수분은 증발하고 소금기만 피부 위에 남기는 우리 몸의 땀과 똑같은 이치이다. 토양 속의 수분이 토양 틈바구니 사이를 통해 지표로 올라온다. 이 때 물에 녹는 성분은 물에 녹아서 물과 함께 올라오지만, 지표면에서는 물만 증발하므로 토양 표면에는 염분만 남게 된다. 이런 현상으로 염분이 계속 쌓이게 되면, 토양 표면이 하얗게 염분으로 덮이게 된다.

이렇게 하여 생겨난 토양을 염류토양(鹽類土壤)이라고 부른다. 이러한 토양은 강알칼리성으로 염의 농도가 아주 높기 때문에 농작물이 자랄 수 없는 불모의 토양이다. 열대나 아열대 지대의 많은 나라에선 이와 같은 토양의 염류화 작용 때문에 경작지가 매년 줄어들고 있어 큰 고민거리로 되어 있다.

호주의 넓은 들판을 관광버스로 구경한 일이 있었다. 끝없이 펼쳐진 목초와 밀밭이 지평선 너머까지 뻗쳐 있는 것이 호주 들판의 특징이었다. 그런 광경에 도취되어 넋을 잃고 있을 때 운전기사의 안내방송이 흘러나왔다.

멀리 보이는 하얀 땅은 염류토양이며 십여 년 전만 하여도 그 곳은 잡목이 우거진 숲이었다. 농경지로 만들고자 숲에 불을 질러 나무를 태워 버렸다. 그 결과 수분 증발량이 증가하여 염류토양이 되고 말았다는 것이다.

호주 정부에서는 이 곳을 다시 숲으로 돌리려고 많은 노력을 기울였으나, 이제는 작물은커녕 잡목조차 자랄 수 없는 완전한 불모지가 되고 말았다는 설명이었다.

숲은 그늘을 만들어 주기 때문에 지온이 올라가는 것을 억제하는 효과를 갖는다. 따라서 숲이 우거지면 토양 표면에서는 토양 수분의 증발이 감소하므로 토양 속에 물기가 그만큼 많이 남아 있게 된다.

또 숲에서는 빗방울이 토양 표면에 바로 떨어지지 않고 숲의 나무줄기나 잎에 먼저 부딪쳐 힘이 약해진 다음에 떨어지므로 토양과의 충격을 그만큼 완화시킨다. 따라서 표토에 있는 입단(粒團)의 파괴가 적어진다. 그러므로 비가 와도 입자의 분산이 적어져서 토양침식이 잘 일어나지 않는다. 억지로 나무를 베어내고 숲을 불살라 버리면 자연은 그러한 인간의 행동을 철저히 응징한다.

나무가 자라서 숲을 이루고 있는 토양에는 영양분이 많이 들어 있다. 자연 상태로 그대로 두면 그 영양분은 원활히 순환하여 늘 살아 있는 토양이 되고 숲으로 존재한다. 그런데 인간의 얕은 지혜로 이를 훼손하여 자연의 섭리를 어기게 되면, 두 번 다시 식물이 자랄 수 없는 불모지로 만들어 우리에게 자연의 섭리가 엄격함을 명확히 깨닫게 한다.

우리의 조상들은 이러한 자연의 이치를 너무나 명확하게 꿰뚫고 있었던 것 같다. 우리 농촌의 입구에는 커다란 나무가 그늘을 드리우고 서 있는 것이 특징이다. 이런 나무를 당목(堂木)이니 당상목(堂上木)이니 한다. 이 나무는 여름철에는 커다란 그늘을 만들어 주기 때문에, 이 나무 주위는 동민(洞民)의 교육의 장이자 홍보의 장이며 또한 오락의 장소이기도 하였다. 이처럼 쓸모가 많은 나무를 훼손하는 것은 너무나 어리석은 짓이라는 것을 우리 조상들은 충분히 알고 있었고 또한 그 손실이 어떤 것이라는 것도 꿰뚫고 있었던 것 같다.

그러므로 이 당목을 잘 보존하려고 불가침의 나무로 신격화하였다. 그래서 이 나무를 훼손하는 사람은 자손이 끊어지거나 생명이 위태롭게 된나는 등의 아주 무서운 징벌이 뒤따를 깃이라고 경고했던 것이다.

식물인 나무 한 그루쯤이라고 여기고 개발이라는 이름 아래 그러한 당목을 하나씩 베어 없앤 결과, 농촌에는 공동대화(共同對話)의 장소가 없어졌다. 당목이 하던 일을 이젠 마을 확성기가 대신하고 있다. 그만큼 농촌의 인심도 기계화되어 구수하고 감칠맛 나는 농촌 인정은 사라진 것 같다.

그러나 아직도 당목이 있는 농존이 없지는 않다. 그 곳에서 우리는 마음 포근한 고향의 정취를 느끼게 된다. 당목을 벤 자리가 마을 주

우리 농촌의 입구에는 커다란 나무가 그늘을 드리우고 서 있는 것이 특징이다. 이런 나무를 당목(堂木)이니 당상목(堂上木)이니 한다. 이 나무는 여름철에는 커다란 그늘을 만들어 주기 때문에, 이 나무 주위는 동민(洞民)의 교육의 장이자 홍보의 장이며 또한 오락의 장소이기도 하였다.

차장으로 둔갑하는 날 우리 마음 속에서 영원히 고향의 따스함이 사라지게 되지는 않을까 두렵다.

환경백서에서 밝혔듯이 깨끗한 환경에서 즐겁게 살려면 우선 살아서 숨쉬는 토양을 잘 보전해야 한다. 그러기 위해 목전의 얄팍한 계산만을 앞세워 나무 한 그루라도 함부로 베지 말 것을 염류토양은 땀을 흘려가며 우리에게 온 몸으로 알려 주고 있지 않는가.

흙색이 가꾼 문화

우수(雨水)가 지나고 보니 봄의 문턱에 올라선 듯 피부로도 봄기운을 느낄 것만 같다. 땅 속에서는 무엇인가 튀어나올 듯이 토양이 스물스물 움직이는 듯한 느낌을 받을 때가 종종 있다. 토양은 그 자리에 아무런 변화 없이 그대로 있건만 따스해진 봄볕 때문에 겨울 동안 언 땅이 녹으면서 흙의 색이 변하기 때문이리라. 아지랑이가 피어오르면서 녹은 얼음이 토양을 적셔 주기에 축축해진 흙의 색깔이 봄을 맞는 우리의 정서와 맞아떨어진 것이다.

눈만 들면 창 밖에 토양이 지천으로 널려 있어도 토양을 자세히 살펴볼 기회는 좀처럼 없다. 작심하지 못한 탓도 있겠지만 어쩌면 애써 보기를 피했었는지도 모를 일이다.

아무튼 모처럼 토양을 바라보는 순간이 주어졌을 때, 우리는 누구 할 것 없이 제일 먼저 토양의 빛깔에 마음을 두게 된다.

고향을 상실한 현대인들이지만, 그래도 그 어두운 무의식의 그늘에서나마 추구하지 않을 수 없는 그리운 색깔! 그것이 바로 토양색이다. 그러나 토양의 색이란 것이 지방마다 모두 틀리기 때문에 그 지방 사람들이 그리워하고 추구하는 토양의 색깔이라는 것도 마냥 같을 수는 없다.

황하유역의 황토 위에서 눈부신 문화를 이룩한 사람들, 그 토양에서 부를 축적하여 세계를 제패한 중국인들은 토양을 오행(五行)의 중앙에 두었다. 그리고 그 토양의 빛깔인 황색으로 지배자의 권력을 상징케 하였다. 「마지막 황제 부의(溥儀)」라는 영화에서도 보았듯이 황색의 용포(龍袍)는 황제만이 입을 수 있는 특권이었다. 그래서 그들은 황제의 궁궐 지붕에만 황금색 기와를 덮게 하였다.

거기에 비하면 나일강 유역의 기름진 검은색 토양에서 문화를 꽃피운 이집트 인들은 검은색을 '신비의 빛'인 '지혜의 빛'이라고 하여 가장 신성하게 여기고, 아프리카 인들은 붉은색의 토양에서 살아 왔

인디언의 춤. 토양의 종류 만큼이나 토양의 색깔도 다양하다. 이렇게 다양한 토양의 색깔이 그 토양 위에 사는 인간의 성질과 감정을 지배하여 각기 서로 다른 문화를 이룩하게 했던 것이다. 지구상에 그렇게 많은 향토문화가 뿌리를 내리고 번성하게 된 원인이 바로 토양에 기인하였다는 것을 토양의 색은 말해 주고 있다.

었기에 붉은색을 '위엄'의 상징으로 삼아 붉은 흙을 얼굴에 발라 용사의 용맹함을 나타내었다.

우리 나라의 경우는 어떠한가? 잡귀를 쫓는 영험한 색깔은 적황색이었다. 그것은 우리의 흙이 적황색을 띠고 있었기 때문이다.

구한말(舊韓末)까지 백두산에서 토신제(土神祭)를 올렸고, 지방에서도 계절마다 토신제를 올렸다. 치성을 들일 때면 집안에 금줄을 치고 적황색의 흙을 뿌려 잡귀의 접근을 막았다.

이처럼 토양의 색깔은 인간의 심성에 크게 영향을 주었을 뿐만 아니라 그 토양에서 살아온 사람들이 이룩한 문화에도 지대한 영향을 주었던 것이다.

호주에 유학하고 있을 때, 그 곳 유치원을 구경할 기회가 있었다. 서양인형처럼 예쁜 꼬마들이 크레파스로 시골 풍경을 그리고 있었다. 남색의 하늘, 빨간 흙, 초록의 나뭇잎과 검은색 나무줄기(그 곳의 나무줄기는 우리 나라와 달라 검은색이다)의 네 가지 색의 크레파스만 사용하였다. 우리 나라 어린이가 그린 시골 풍경이면 적어도 열 가지 이상의 색상을 동원했을 것이다.

그래서 그런지 호주인들의 성격은 풍경화의 색상처럼 단순하고 순진하게 느껴졌다. 거기에 비하면 다양한 뉘앙스를 지닌 우리의 토양색처럼 우리의 정서는 복잡하고 '델리킷'한 여운이 있다고 할 수 있을 것이다.

그렇다면 과연 무엇이 토양의 빛깔을 그토록 다양하고 복잡하도록 만들었을까? 이 질문에 대한 해답은 그렇게 간단하지만은 않다.

토양의 색은 그 토양 속에 어떤 물질이 얼만큼 들어 있느냐에 따라 검어지기도 하고 붉어지기도 한다. 토양 속에 들어 있는 성분 중에서도 토양의 색깔을 나타내는 데 가장 유별나고 민감한 존재가 유기물과 철분이다.

우리 나라에서 흔히 흙색이라 여기는 색은 주로 철분에서 유래한다. 산화철은 물과 결합하면 그 정도에 따라 색깔이 달라진다. 물이 없는 산화철은 붉은색을 띠지만, 수분을 많이 갖는 산화철은 노랑색으로까지 변한다. 또한 산화철이 환원되면 푸른색을 띠기도 한다. 이러한 산화철의 색깔 변화가 유기물과 작용하여 바로 그 지방의 고유한 토양색을 이루게 된다.

이처럼 토양색은 복잡하면서도 지역에 따라 특징적으로 나타나는 것이기 때문에 우리는 그 색깔로서 토양의 이름을 지어 놓고 있으니, 흑토, 백토, 갈색토, 포도졸 토양(회백색 토양), 테라로사(장미빛 토양) 등이 바로 그것이다.

그런데 이처럼 토양의 색깔에 의해 지어진 이름이 이제는 그 토양의 성질을 나타내는 명사로까지 발전하기도 했다. '흑토'는 유기질이 많은 토양으로 통하며, 우리 나라에서 많이 볼 수 있는 '갈색토'는 철분이 풍부하고, '포도졸 토양'은 무기물이 씻겨 없어진 토양이며, '테라로사'는 석회질의 알칼리성 토양에 썩은 유기물이 분산되어 흑장미색을 띠고 있는 토양을 의미한다.

그러나 토양색은 그 토양이 생성하여 점차 발달해 나가는 과정을 보여 주는 토양이 갖는 표정의 일부인 동시에 앞으로의 발전을 미리 일러 주는 좋은 이정표이기도 하다. 그러나 토양의 색깔과 성질이 통념에 맞지 않는 경우가 적지 않기 때문에 단순히 색깔을 갖고 성질을 꼭 집어 말하기 어려운 점도 적지 않다.

또한 점토가 많은 점질 토양은 어두운 색을 나타내고, 모래가 많이 들어 있는 토양일수록 밝은 색을 나타내 보인다. 같은 토양이라도 젖어 있으면 어둡게 보이고, 건조하여 마른 흙은 밝은 색으로 나타난다.

토양의 종류 만큼이나 토양의 색깔도 다양하다. 이렇게 다양한 토양의 색깔이 그 토양 위에 사는 인간의 성질과 감정을 지배하여 각기 서로 다른 문화를 이룩하게 했던 것이다. 지구상에 그렇게 많은 향토문화가 뿌리를 내리고 번성하게 된 원인이 바로 토양에 기인하였다는 것을 토양의 색은 말해 주고 있다.

계절의 열쇠 - 지온

겨울인데도 불구하고 계절에 걸맞지 않은 가랑비가 이틀씩이나 추적거리고, 날씨 또한 포근하여 마냥 봄기운을 느끼며 마당엘 나가보았다. 잔디는 아직 지난 가을 그대로 갈색인데 금방이라도 파란 새움이 돋아날 것만 같고 땅꺼풀이 움직이는 느낌이다.

봄은 노고지리가 불러서 오는 것도 아니고, 동남풍에 실려오는 것도 아니다. 겨울을 잠그고 있는 토양이 자물쇠를 풀어 놓아야만 언 땅이 녹으며 봄의 문이 열리게 된다. 그러면 봄의 문을 열 수 있는 열쇠는 무엇일까? 그것은 땅의 훈기인 지온(地溫)이다.

물은 0℃에서 얼고, 얼음이 0℃에서 녹기도 한다. 저명한 『Nature』란 과학지에 색다른 논문이 한 편 실려 있었다. 아주 가느다란 유리 모세관에 물을 넣고 냉동실에서 영하 70℃까지 냉각시켜도 모세관 속의 물은 얼지 않았다. 이러한 현상은 모세관 속에 들어 있는 물은 보통 물과는 달라서 물이 덩어리 상태로 존재하기 때문이라고 결론지었다.

그 해 이성철(李性徹) 종정(宗正)은 "물은 물이요, 산은 산이다"라는 신년법어를 발표하였다. 사실을 있는 그대로 인정하라는 것인지 본질에는 변함이 없다는 뜻인지 속인으로서는 그 깊은 참뜻을 속속들이 이해할 수는 없었으나, 『Nature』지에 실린 결과와는 차이가 있는 것 같았다.

그 이듬해 바로 그 『Nature』지에 전년(前年)의 연구가 잘못되었음을 인정하고, 모세관 속에서 얼지 않았던 물도 역시 물덩어리가 아니고 그냥 물이었다고 수정 발표했다.

아무리 실험에 의존하여 실증적 방법으로 진실을 추구하는 자연과학이라 하더라도 우주의 원리를 모두 밝힐 수는 없는가 보다. 한순간에 영원을 볼 수 있는 혜안(慧眼)을 가지게 하는 것은 역시 철학이 아닐는지……

겨울이 되어 기온이 영하로 떨어지면 맑고 깨끗한 물이 먼저 얼고, 오염된 강물은 오염이 심할수록 기온이 더 떨어져야 얼게 된다. 그러나 토양은 좀처럼 얼지 않는다. 토양 속에 있는 물은 겨울 추위에 쉽게 얼지도 않을 뿐만 아니라 봄 날씨가 따뜻해도 빨리 녹지 않는다.

지온은 겨울에 갇혔던 봄을 여는 열쇠이다. 지온이 높아져서 봄의 문을 열어야 겨우내 잠자고 있던 씨앗에서 싹이 트고, 새순이 돋아나서 자라게 된다. 또 토양 속에 사는 동물이 겨울잠에서 깨어나 눈을 뜨게 하고 기지개를 펴도록 한다.

지온이 내려가면 미생물의 활동이 느려져서 유기물의 분해가 늦어진다. 따라서 많은 유기물이 토양 속에 분해되지 않고 계속 쌓이지만, 반면에 지온이 높아지면 유기물의 분해가 빨라진다.

우크라이나처럼 겨울이 길고 추운 곳에서는 지온이 낮기 때문에 식물의 생장이 아주 느리다. 그렇지만 유기물의 분해는 더 느리기 때문에 오랜 세월 동안 유기물이 쌓이고 쌓여서 토양색은 검게 변한다. 이런 토양이 넓게 차지한 지역을 흑토대(黑土帶)라고 한다.

한편 열대지방의 토양에서는 지온이 높기 때문에 식물 생육이 왕성하여 유기물 생산량이 아주 많다. 그러므로 토양 중에는 유기물이 많이 쌓일 것 같으나, 실제로 유기물이 토양에 들어오는 속도보다 분해되는 속도가 더 빠르기 때문에 열대지방 토양은 유기물이 거의 없는 맨흙이 되고 만다.

토양을 따뜻하게 데워 지온을 높일 수 있는 것은 하늘에 태양이 있기 때문이며, 이것이 절대적이다. 그러나 아주 일부분의 토양은 유기물이 분해될 때 나오는 분해열과 화학반응에서 생성되는 반응열이나 따뜻한 빗물에서도 아주 적은 양이지만 열을 얻기도 한다.

가장 오랜 역사를 갖고 있는 농업연구소인 영국의 로담스테드 연구소의 연구 발표에 의하면 1에이커의 땅이 1년간 받는 총 태양열량은 약 30억 Kcal로서, 이는 석탄 4백 톤을 태울 때 생기는 열량에 상당한다.

그러므로 지면이 태양광선을 효과적으로 받아야 지온을 쉽게 높일 수가 있다. 그러기 위해 농경지에는 검은색을 띤 퇴비를 시비(施肥)하여 지표면을 검게 만들고, 경사진 언덕과 산기슭은 햇볕을 수직으로 받도록 남향을 택한다.

지표면의 온도는 햇볕의 강도에 따라 크게 변하지만 표토 30cm 밑에는 지온의 변화가 거의 없다. 또 하루 동안의 지온을 살펴보면 새벽 6시쯤인 해뜨기 직전의 지온이 가장 낮고, 하오 2시쯤이 가장 높다. 일년 중에는 2월 초가 가장 낮고 8월 중순이 가장 높다. 우리가 한여름을 다 보내고 나서 노염(老炎)에 부대끼는 것도 강렬한 태양열기 때문이라기보다 더워진 8월의 지온 때문인 것이다.

지구의 온도는 지하로 100m씩 내려갈 때마다 약 3℃씩 높아지지만, 이는 식물 생육과는 거의 관계가 없고 식물에게는 지표면의 온도가 중요할 뿐이다. 기록상으로 보면 지표면의 온도가 가장 높았던 것은 미국 에리조니 사막의 71.5℃였고, 최저 온도는 시베리이의 영하 70℃였다.

식물도 동물처럼 일교차가 10℃ 이상으로 커지면 생육에 이상 현상이 나타나기 때문에 식물을 잘 키우려면 지온을 일정하게 유지하는 것이 매우 중요하다. 대부분의 식물은 높은 온도를 좋아하지만, 때로는 높은 온도를 낮추어 주는 것이 유리할 경우도 있다.

이와 같은 지온의 변화는 토양 속에 들어 있는 수분 함량에 따라서 크게 달라진다. 수분이 많아 젖어 있는 토양은 지온이 쉽게 오르거나 내려가지 않으나, 수분이 적어 건조한 토양은 지온이 쉽게 변한다.

일반적으로 모래땅은 수분 함량이 적기 때문에 이른 봄 일찍 지온이 상승하여 식물의 생장과 성숙이 빠르게 되므로 조기 출하(早期出荷)가 요구되는 꽃이나 채소 재배에 유리하다. 반면에 점토가 많은 토양에서는 가을 늦게까지도 식물 생육이 계속될 수 있다. 밀은 점토가 많은 점질토에서 자란 것이 맛이 좋은 반면, 보리는 모래땅에서 재배한 것이 품질이 좋은 것으로 알려져 있다.

토양은 그 토양과 더불어 살아가고 있는 모든 생물의 명줄이며, 생명의 신비를 감추고 있는 요술상자이다. 이 상자 속의 비밀을 들여다볼 수 있도록 자물쇠를 열어 주는 열쇠는 바로 지온인 것이다.

간척지

지구촌의 인구는 매년 기하급수적으로 증가하고 있으나, 식량증산은 거북이 걸음을 면치 못하고 있으니 해가 갈수록 식량 사정은 점차 어려워만 갈 것이다.

요즈음은 굶어 죽는 사람이 있다면 믿기 어려울 만큼 우리 나라의 식량 사정은 많이 좋아졌다. 그러나 북녘의 우리 동포가 굶주림에 시달리고 있다고 하며 북아프리카에서는 올해만 하여도 벌써 수만 명이 굶어 죽었고, 지금도 수십만 명이 굶어 죽기 직전까지 와 있다고 한다.

이와 같은 식량 문제를 해결하기 위해서 모든 나라에서는 갖가지 노력을 하고 있다. 식량증산의 가장 근본적인 해결책은 농경지의 확장이라고 할 수 있다. 그렇기 때문에 지금까지 농사가 불가능하다고 여기던 땅에도 현대기술을 이용하여 농작물을 재배해 보고자 많은

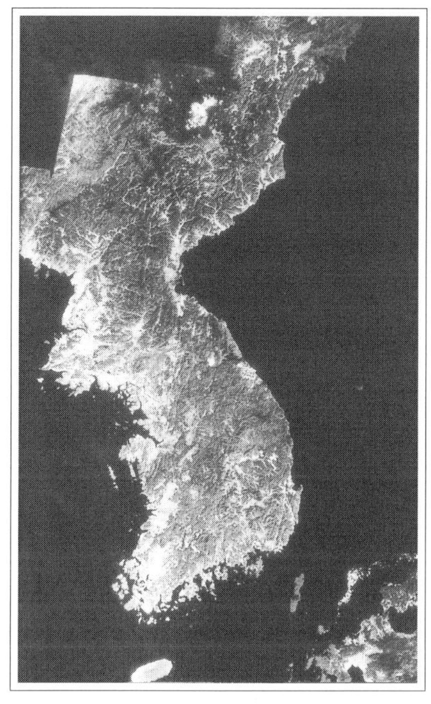

식량 문제를 해결하기 위해서 모든 나라에서는 갖가지 노력을 하고 있다. 식량증산의 가장 근본적인 해결책은 농경지의 확장이라고 할 수 있다. 그렇기 때문에 지금까지 농사가 불가능하다고 여기던 땅에도 현대기술을 이용하여 농작물을 재배해 보고자 많은 학자들이 연구를 거듭하고 있다. 사막에 물을 끌어들여 농작물을 재배하고, 남극에다 온실을 지어 채소를 길러내며, 바다를 막는 간척사업을 하여 새 농토를 만들어내고 있다.

우리 나라에서도 서해안의 복잡한 굴곡지형을 간척하여 넓은 농경지를 만들었다. 계화도(界火島)의 넓은 간척지를 한 번 구경하고 나면 삼년 묵은 체증이 가신 듯 속이 후련해지며, 현대 과학장비의 위력에 또 한 번 감탄하게 될 것이다.

학자들이 연구를 거듭하고 있다.

사막에 물을 끌어들여 농작물을 재배하고, 남극에다 온실을 지어 채소를 길러내며, 바다를 막는 간척사업을 하여 새 농토를 만들어내고 있다.

우리 나라에서도 서해안의 복잡한 굴곡지형을 간척하여 넓은 농경지를 만들었다. 계화도(界火島)의 넓은 간척지를 한 번 구경하고 나면 삼년 묵은 체증이 가신 듯 속이 후련해지며, 현대 과학장비의 위력에 또 한 번 감탄하게 될 것이다.

많은 사람들은 초등학교와 중학교 시설에 지리 숙제로 내 준 우리 나라의 지도 그리기가 무척 어려웠던 기억을 갖고 있을 것이다. 특히 동해안보다 서남 해안은 너무 굴곡이 심하여 그릴 때마다 다른 모양이 되었다.

계화도에서와 같은 간척사업이 한두 건 있었다고 하여 서해안의 복잡한 지형이 크게 달라지지는 않았다. 금년 봄 일본에서 열린 세계 탁구선수권대회와 세계 청소년 축구대회에 나가는 남북 단일팀인 코리아 선수들의 유니폼과 대표 깃발에 그려진 흰색 바탕 위의 파란색 우리 나라 지도는 너무나 아름답게 보였다. 그러나 그것도 막상 그대로 그리려면 어려운 것은 마찬가지다.

신의주와 인천을 직선으로 잇고, 다시 목포와도 직선이 되도록 해안을 막고, 남해안 역시 여수와 부산을 일직선이 되도록 바다를 막아 산을 깎은 흙과 돌로 메워 나간다면 광대한 육지인 간척지가 생기게 될 것이다.

간척지를 그대로 농토로 쓰면 토양 속에 소금기가 너무 많이 들어 있어 작물이 자랄 수가 없다. 그렇다고 공장의 부지로 사용하려 해도 소금기가 기계를 빨리 녹슬게 하고, 건물을 부식시키므로 어려운 것은 마찬가지다.

그러므로 간척지는 여러 면으로 계산해 볼 때 역시 농경지로 만드는 것이 활용도가 제일 크다. 그러기 위해서는 간척지의 토양 속에 들어 있는 소금기를 물로 씻어내어 그 함량을 줄여야 한다.

그런데 간척지는 표토에 있는 소금기를 모두 씻어낸다고 해서 농사를 계속 지을 수 있는 농토가 되는 것이 아니다. 비록 표토의 소금기는 씻겨 나가 적어졌을지라도 땅 속에 들어 있던 소금기는 조만간 물을 따라 표토로 올라오게 될 것이다.

따라서 작물이 뿌리를 뻗어내리는 깊이까지의 토양 속 소금기를 전부 제거해야만 농사가 가능하다. 그러기 위해서는 암거배수(暗渠排

水)라는 특수한 방법을 쓴다.

뿌리가 뻗어나갈 깊이만큼의 토양 밑에 두더지처럼 굴을 뚫고 거기에 작은 구멍이 많이 뚫려 있는 관을 묻어 둔다. 그리고 강물을 표토에 흘려보내면 물이 토양 속으로 스며들면서 토양 속의 소금기를 녹인다. 이 물은 묻힌 관의 구멍으로 들어가서 관을 따라 해변의 저수지에 모인다. 이렇게 고인 물을 양수기를 이용하여 바다 밖으로 퍼낸다. 네델란드의 명물 풍차는 바람을 이용하여 저수지의 물을 바다로 퍼내는 장치이다.

토양 속의 소금기를 씻은 물이 잘 배수되도록 하기 위해 간척지에 퇴비를 많이 넣어 주기도 한다. 그러면 토양은 퇴비의 끈적끈적한 성질 때문에 구슬 같은 덩어리로 뭉쳐지고, 그 덩어리와 덩어리 사이에는 커다란 공극(孔隙)이 많이 생기므로 투수성(透水性)이 좋아져 소금물이 잘 빠지게 된다.

이 밖에 간척지 토양의 소금기를 줄이는 수단으로는 소금기가 많은 토양에서도 잘 견디는 보리·율무·사탕수수 같은 내염성(耐鹽性) 작물을 심어, 그들이 소금기를 흡수토록 하는 방법을 이용하기도 한다.

그런데 간척지를 농경지로 계속 활용하기 위해서는 무엇보다도 용의주도한 제방 건설 계획이 필요하다. 바다를 막는 제방은 기초가 깊고 또 제방벽은 높게 쌓아야 한다. 그래야 바닷물이 제방 밑으로 스며들지 못하고, 또 파도와 바람에 의해 바닷물이 제방 위로 날아들지 못하게 되어 소금기의 계속되는 침입을 막을 수 있게 될 것이다.

바다를 막고 해안의 굴곡을 줄이는 간척사업을 계속하여, 우리 나라 지도를 그리기 쉬운 네모꼴로 만들더라도 생물자원의 보고이며, 오염물의 정화조인 바다 갯벌의 보전은 반드시 선행해야 할 것이다.

산사태

홍수가 날 때마다 거르지도 않고 매년 상습적으로 침수되어 물난리를 겪는 지역이 있다고 한다. 이제 선진국의 대열에 들어갔다고 자랑하는 우리가 그 원인을 빤히 아는 재난을 매번 똑같이 되풀이한다는 것은 이해할 수가 없다. 그러한 물난리 뉴스를 들을 때면 등줄기가 스물거리도록 심한 짜증마저 난다.

1998년 8월, 우리 나라 중부지방에는 역사 이래 최대의 강우량을 기록했다. 게릴라성 폭우가 쏟아져, 버스 정거장 하나 사이의 거리를 두고 한 쪽에선 장대 같은 소나기가 앞을 분간할 수 없도록 퍼붓고 있는데도, 다른 한 쪽에는 햇빛이 비치고 가랑비가 내리고 있었다.

하늘에 커다란 구멍이라도 난 듯 엄청나게 쏟아진 비 때문에 경기도 일대는 혹독한 물난리를 겪었다. 온 천지가 물바다가 되어 가로수 끝과 교회의 첨탑만이 물 위로 보일 뿐 도도한 흙탕물만이 끝간 데 없이 펼쳐져 있었다.

TV에서는 하루 종일 물난리 소식만 방영했다. 제방이 무너지고, 가축이 떠내려가고, 도로가 유실되어 끊어졌고, 산사태로 가옥이 함몰되었다. 많은 사람이 다치고 죽고 실종되었다. 게다가 이것으로 끝나는 것이 아니고 더 많은 비가 내릴 것이라는 예보와 함께 더 큰 재난에 대비할 것을 계속 촉구했다.

곳곳에 산사태가 나서 일가족이 참사를 당했는가 하면 도로가 묻히고 철로가 막혀 교통이 두절되었다. 산사태란 큰비, 지진, 화산의 폭발 등으로 경사면의 지반이 그 위에 있는 암석이나 토사(土砂)의 중력을 견디지 못하여 갑자기 낮은 곳으로 무너져 떨어지는 현상이다.

산사태로 자동차가 잠긴 장면.
산사태도 쉽게 일어날 수 있는 조건을
갖춘 지역이 있을 수 있다. 산사태가
일어난 곳을 조사해 보면, 토양 속에
몬모리나이트와 같은 팽창성이 큰
물질이 많이 들어 있든지, 큰 바위나
돌더미가 굴러 내리기 쉽도록 급경사를
이룬 산비탈에 수목은 물론 잡초조차
거의 없는 민둥산이든가 아니면 계곡이
깊은 산지 등이다.

비가 많이 오면 빗물이 토양 깊숙이까지 스며들게 되고, 이 물을 흡수한 토양은 팽창한다. 토양이 부풀어지면 그만큼 토양이 물렁물렁해져서 그 토양 위에 얹혀 있던 암석이나 토사를 지탱할 수 없게 되니, 자연 흙더미와 바위가 아래로 미끄러지듯 굴러 떨어지게 마련이다.

그러니까 산사태도 쉽게 일어날 수 있는 조건을 갖춘 지역이 있을 수 있다. 산사태가 일어난 곳을 조사해 보면, 토양 속에 몬모리나이트와 같은 팽창성이 큰 물질이 많이 들어 있든지, 큰 바위나 돌더미가 굴러 내리기 쉽도록 급경사를 이룬 산비탈에 수목은 물론 잡초조차 거의 없는 민둥산이든가 아니면 계곡이 깊은 산지 등이다.

경기도 일원에 있었던 호우로 인하여 산사태를 심하게 일으킨 곳을 보면 주로 공동묘지와 골프장을 시설한 지역이었다. 묘지를 조성하기 위해 산을 깎고 나무를 모두 베어낸 다음 거기에 묘터를 촘촘히 박아 둔 공동묘지와 물길을 훤하게 열어 준 골프장은 산사태가 일어나기 쉬운 조건을 갖추고 있었다.

비가 오게 되면 빗방울이 나무 한 그루 없이 벌거벗은 지면을 사정없이 내리쳐서 흙덩이[粒團]를 부수고는 그대로 지표면을 흘러내린다. 물의 흐르는 속도가 빨라지면 물의 운반력과 파괴하는 힘은 기하급수적으로 증가하기 때문에 거칠 것 없이 흘러 내리는 물은 지표면을 훑고 땅을 파헤친다. 계곡을 뚫고 나아가면서 점점 더 세차게 침식한다.

토양 침식이 계속되면 흐르는 물은 더 큰 계곡을 만들고, 이로 인해 계곡의 양쪽 기슭이 점차 무너져 물길이 넓어진다. 이쯤 되면 물길을 막을 상대가 없다. 물더미가 부딪치는 곳은 그대로 허물어진다. 광폭해진 물길은 인간이 숭배하려고 만들어 둔 조상의 묘도 아랑곳하지 않고 그대로 차고 나간다.

땅 속에 조용히 묻혔던 시신이 보호처를 잃고 이리 저리 뒹굴고, 오래 된 유골은 서로서로 섞인 채 여기 저기 흩어져 누구의 것인지 몇 사람의 것인지조차 분간할 수 없게 되었다. 묘역(墓域) 관리인들은 라면 상자에다 눈에 보이는 유골들을 수습하여 모아 둘 수밖에 없다. 자손들에게 보여 주어야 하기 때문이다.

이 처절한 광경을 직접 목격한 아내는 "땅 속에 꼭꼭 묻어 주소" 하고 부탁한 말을 수정하고 싶다고 했다. 땅 속의 시신은 절대 안전하리라던 기대가 무너지고 말았기 때문이다. 화장(火葬)은 절대로 안되고 토장(土葬)만을 고집하던 아내가 산을 깎아 묘지를 만들면 홍수

의 피해가 더 커진다는 사실을 몸소 체험하고는 화장을 반쯤은 수긍
하게까지 되었다.

4

신토불이(身土不二)·의식동원(醫食同源)

맛의 뿌리

요즈음 수경재배(水耕栽培)니 양액재배(養液栽培)니 하여 흙 한 줌 없이 물만으로 식물을 재배하는 방법들이 개발되어 많이 유행하고 있다. 흙 없이 재배하였다고 '무공해'니 '청정'이니 하는 용어를 쓴다. 그러나 식물은 근본적으로 토양을 떠나서 살 수가 없다.

구약성서 창세기를 보면 생산력을 가진 토양을 '아다마(Adamah)'라 하고, '아다마'만이 경작 가능한 땅을 이루며, 이 토양은 모든 식물을 자라게 하는 힘을 갖고 있다고 했다.

이처럼 모든 식물은 토양에 뿌리를 내리고 거기에 들어 있는 대지의 정기와 영양분을 흡수하여 꽃을 피우고 열매를 맺게 된다. 그러니 토양의 성질이 그 식물의 생육과 품질에 크게 영향을 줄 것은 당연한 이치다.

비옥한 토양에서는 식물이 정상적인 생육을 하여 품질이 좋은 채소가 많이 생산되지만, 척박한 토양에서는 생육이 불량하여 조악한 품질의 채소가 그것도 적게 생산된다. 때에 따라서는 생산량은 많으나 품질이 떨어지고, 또 생산량은 형편 없으나 품질이 아주 뛰어난 경우도 있다. 그러므로 토양 관리를 철저히 하여 생산량도 많게 하고, 동시에 품질도 향상시키는 연구가 절실히 요망된다.

토마토가 익을 무렵 토양에다 설탕물을 주면 토마토의 단맛이 증가하고, 맥주용 보리 재배에 칼리 비료를 많이 시용하면 보리쌀에 단백질 함량이 감소하여, 술 담그기에 아주 좋은 맥주용 보리를 얻을 수 있다.

요즈음 '우루과이 라운드'의 태풍 때문에 우리 농민들의 걱정이 한결 깊어졌다. 외국 농산물을 먹지 말고 우리 농산물만 애용해야 할 국민적 단결이 어느 때보다 요청되는 때다. 그러나 이 시점에서 무엇보다 중요한 것은 우리 농산물의 품질을 향상시키고 생산력을 높여, 농산물 가격을 낮추는 일이라 하겠다.

같은 쌀이라도 '이천' 쌀을 더 선호하고, 같은 쇠고기라도 한우 고기를 좋아한다. 그러므로 모든 쌀은 '이천' 쌀보다 맛이 좋은 쌀이 되도록 재배하고, 쇠고기는 양질(良質)의 한우 고기의 맛과 육질을 갖도록 소를 사육하여 '우루과이 라운드'의 충격을 줄이도록 해야 할 것이다.

인삼은 만병통치의 신비한 영약으로 알려져 있으며, 밭에서 재배한 인삼보다 야생의 산삼이 그 약효가 더 높다고 한다. 세계 곳곳에서 인삼을 재배하고 있으나, 재배하는 인삼 중에도 개성 인삼의 품질이 가장 좋은 것으로 알려져 있다. 그런데 개성 인삼이 다른 인삼과 품종이 다른 것은 결코 아니다.

개성 인삼의 종자를 풍기에 심어서 키우면 풍기삼(豊基蔘)이라 하고, 금산에서 재배하면 금산삼(錦山蔘)이 되고 만다. 같은 씨앗이라도 재배하는 지방에 따라 품질이 다른 인삼으로 자라고 생산된다. 이것은 재배 기술의 차이나 기후가 다른 탓이라기보다는 인삼이 자라는 그 토양이 다르기 때문에 그렇게 되는 것이다.

산과 들에서 자라는 야생의 약초나 재배한 약초의 경우도 마찬가지다. 약초는 그들이 자란 토양이 모래 땅인지 점질 땅인지에 따라 약초가 갖는 유효 성분의 함량에 차이가 있다. 그런데 대부분의 사람들은 인삼이면 어디서 어떻게 생산된 것인지에 관계 없이 모두 같은 인삼이고, 황기(黃芪)라면 전부 똑같은 황기로 그냥 지나쳐 버린다.

이제 한방약도 의료보험제도의 영향권에 들어 있다. 그런데 한방약의 원료는 거의가 식물체이며, 그 식물에 들어 있는 약효 성분의 함량이 가장 중요한 것임은 두말 할 필요가 없다.

그러므로 한약재라면 그 속에 유효 성분의 함량이 일정량 이상 들어 있어야 할 것이다. 따라서 한약재에 들어 있는 유효 성분의 함량 범위도 일정하게 규격화할 필요가 있는 것이다.

인삼의 주된 약효 성분은 '사포닌'이라고 알려져 있다. 그러므로 인삼의 약효를 결정하려면 사포닌 함량에 대한 범위가 정해져야 한다. 재배지와 생육 연수에 따라 사포닌 함량이 크게 달라지기 때문에 같은 양의 인삼이라도 재배 조건에 따라 사포닌 함량은 엄청나게 다를 수 있다. 그러므로 모든 약초는 그 재배하는 토양과 재배법을 일정하게 하여 재배해야만 균일한 품질의 약재를 얻을 수 있는 것이다.

일본의 기차역에서 사 먹은 도시락의 맛을 칭찬하였더니, 일본 역의 도시락 맛은 언제 먹어도 한결같은 맛이라고 일러 주었다. 도시락의 원료인 쌀과 채소는 계약 재배하여 생산한다. 재배지의 토양과 시비량을 일정하게 하여 똑같은 방법으로 일정 기간 자란 것만을 수확하기 때문에 품질이 균일하고 요리를 하여도 맛이 언제나 한결같다는 설명이었다.

과연 그렇다! 식물이 자라는 토양을 정성껏 가꾸면 거기서는 늘 그 토양이 내는 맛을 가진 식물이 자라게 된다. 그러니 중금속으로 오염된 토양에서는 중금속이 많은 식물이 나고, 농약으로 찌든 토양에서는 농약이 듬뿍 들어 있는 식물이 자랄 뿐이다.

토양이 농산물의 맛을 결정하는 근원이니, '우루과이 라운드'를 해결하는 묘책을 토양에서 찾아야만 할 것 같다.

오염지의 농작물

대구의 금호강(琴湖江)과 신천(新川)의 하천 부지(무너미터)에 많은 채소가 자라고 있는 것을 우리는 흔히 볼 수 있다. 이들 채소는 하천의 오염된 물을 관수(灌水)하여 재배한다.

수차례에 걸쳐 신천과 금호강을 따라가며 공단 주위와 폐수처리장 부근 토양의 중금속 오염도를 조사하고, 거기서 자라는 식물체에 들어 있는 중금속 함량을 조사해 보았다.

공단의 하수구를 중심으로 공단 부근의 하천 상류와 하류 지점에서 물과 토양을 채취하여 중금속의 함량을 측정해 본 결과, 공단에 못 미친 상류 지점의 하천 밑바닥에서 채취한 토양보다는 공단을 약간 지난 하류 지점에서 채취한 토양 속에 더 많은 중금속이 들어 있

중금속으로 오염된 농경지에서는 작물이 바로 자라지 못한다.

었다.

이것은 두말 할 나위도 없이 공단에서 방류한 폐수에 중금속이 섞여 있었다는 것을 의미한다. 뿐만 아니라 공단에서 하류로 멀어지면 멀어질수록 하천 바닥의 토양에는 중금속 함량이 감소됨을 알 수 있었다. 이것은 바로 하천 밑바닥에 있는 토양이 그 때까진 강의 자정 작용을 도와 주고 있었기 때문이다.

또한 강 밑바닥 토양을 표면에서 밑으로 파내려 가면서 깊이별로 중금속의 함량 변화를 조사해 보았더니, 표면에서 10cm까지의 토양 속에 약 90% 이상의 중금속이 들어 있었고 그 아래 부분에서는 아주 적은 양이 들어 있을 뿐이었다. 이것은 토양이 중금속을 흡착하여 붙드는 능력이 얼마나 큰 것인가를 알게 하는 좋은 예이다.

토양은 중금속과 만나면 일단 흡착한다. 그러나 그 토양이 흡착할

수 있는 능력보다 더 많은 중금속이 계속 들어오게 되면 흡착 능력
이상의 중금속은 흡착할 수 없으므로 다음의 토양으로 그 중금속을
넘겨준다. 그렇게 하기를 반복하다 보니 가장 윗층의 토양에 중금속
이 가장 많이 들어 있고 밑으로 내려갈수록 그 함량은 줄어들게 된
다.

그리고 이 곳에서 자란 채소를 분석해 보았더니, 중금속 오염 정도
가 심한 토양에서 자란 채소에는 중금속이 많이 들어 있었다. 또 강
물 쪽에 가까이 심어진 채소보다 강물 쪽에서 멀리 떨어져서 자라고
있는 채소가 중금속 함량이 적었다.

하천 부지에서 오염된 강물로 자란 채소! 이것이 도시인들의 식탁
에 오를 것이란 생각을 하면 끔찍하게 느껴진다. 국민의 건강을 생각
한다면 공단 주변의 하천 부지는 물론 오염 가능성이 있는 곳에서 재
배한 채소와 곡물은 철저하게 분석한 다음 중금속이 없는 채소만을
유통시켜야 한다.

일본의 토양학자 아오미네(靑峰) 교수가 대마도(對馬島)에 있는 아
연광산 주위의 토양을 조사하고, 그 부근의 쌀이 중금속으로 오염되
어 있음을 학회에 보고하였나. 그 때 대마도 출신 학생을 포함한 운
동권 학생들이 아오미네 교수의 연구실을 폐쇄하는 거센 항의를 하
였다. 그 이유는 공해병으로 지역적 불이익을 당할 수도 있다는 두려
움 때문이었다고 한다.

중금속으로 오염된 지역의 주민은 중금속에 오염될 확률이 큰 것
만은 확실하다. 그러므로 골병(骨病)과 같은 중금속 오염병에 걸릴 확
률이 높아지며, 특히 여자의 경우 기형아를 분만할 수도 있다. 그렇게
되면 대마도의 주산물인 쌀이 팔리지 않게 되고, 그 곳 출신 처녀들
은 본토로 시집가는 길이 막히게 될지도 모르는 것이다.

대마도 출신 대학생들의 데모를 반어적(反語的)으로 이야기한다면, '그래도 일본은 공해에 대해 국민 전부가 그만한 의식은 가지고 있다'는 것을 의미한다. 죽어 버린 개천과 등이나 꼬리가 굽은 물고기가 나타나고 있는 강과 바다, 이러한 우리의 환경을 당장 정화하여 깨끗이 하지 않고 그대로 방치하는 한, 멀지 않아 환경의 전문인이 아닌 국민 모두에게도 중금속 오염이 얼마나 무서운 것인가 그 실체를 확실히 보여 줄 것이다.

모진 가난이 너무도 한스러워 그 가난을 물려준 조상님들을 많이도 원망하였다. 그랬기에 경제발전만을 거국적인 목표로 삼고 그것만을 추구하여 달성한다면 우리는 훌륭한 조상이 될 수 있을 것이라고 굳게 믿었다.

그러나 가난 때문에 조상을 원망하던 우리는 부(富)에 대한 갈망 때문에 어쩌면 자손들에게 독이 그득한 땅을 물려주게 될 위기에 놓이게 되었다.

신천과 금호강이 썩고 병들어 그 때문에 영남의 젖줄인 낙동강이 오염되어 가고 있다. 이미 신천은 피라미 한 마리 살지 못하는 죽은 하천이 된 지 오래이고, 금호강은 부분적으로 물고기가 있는 곳이 있을 뿐 신천과 다를 바 없는 상태이다.

지금이라도 우리 모두가 한마음으로 오염원(汚染源)을 차단하여 오염이 더 깊어지지 않도록 해야겠다. 동시에 오염된 토양에서 오염물질을 제거하는 효율적인 방법을 한시바삐 연구 개발하여, 신천이나 금호강가에 심은 채소에도 두려움을 갖지 않는 날을 맞아야만 하겠다.

토착민

저녁상을 물린 지도 한참 지나고 나니, 차 한 잔 생각이 간절한데 초인종이 울렸다. 반갑게도 P교수가 방문했다. 잡다한 얘기 끝에 P교수는 금년 여름에 석 달 정도 헝가리에 다녀올 계획이라고 했다. '우리보다 학문적으로 앞서지도 않은 나라인데……' 하는 생각을 하면서 여행 목적을 물어 보았다. 헝가리에 있는 아카시 나무 숲을 연구하기 위해서라고 했다. 듣고 보니 정말 그럴 듯한 계획이었다.

아카시 나무는 미국이 원산지인데, 1920년경에 미국의 선교사가 인천항을 통해 종자를 갖고 와서 우리의 산에 심은 것이 처음이었다. 그 후 10여 년이 지난 30년대에 임업시험장에서 산지의 토양침식을 방지할 사방수(砂防樹)로서 이것을 산에 심고, 그 나무는 잘라 땔감으로 사용케 했다.

아카시 나무는 그 줄기를 잘라 버리면 자신을 보호할 목적인지 뿌리를 사방으로 뻗어 그 영역을 확장해 나간다. 뿌리가 천근성(淺根性)이어서 표토를 훑다시피 덮으며 퍼져나가기 때문에 아카시 나무의 뿌리가 뻗어나간 지역에서는 다른 나무들이 잘 자랄 수가 없게 된다. 그런 까닭으로 우리 나라에서는 아카시 나무를 깡패나무나 '산을 버리는 나무' 등으로 잘못 알려지게 되었다.

대구 근교에서 아카시 나무는 5월에 향기로운 꽃을 피워 일등품의 꿀샘을 공급하며, 단백질이 풍부한 잎은 사료로 이용될 뿐만 아니라 나무는 침목(枕木)이나 나무못으로 쓰일 정도로 단단하고 질 좋은 목재이다. 또 뿌리에는 질소고정균이 공생하여 토양을 비옥하게 한다. 어린 나무와 가지에는 가시가 많이 돋아 있지만, 두 키를 넘는 큰 나무에는 가시가 거의 없다.

손님으로 들여온 이 나무가 이제는 우리 나라 어디서나 볼수 있는 토착화한 나무가 되었다. 가깝게는 대구 시내만 찾아보아도 경북대학교 학생회관 언덕에 아카시 나무 숲이 있다. 이 나무에서 발산하는 5월의 꽃향기와 시월의 노오란 단풍은 젊은이들의 가슴을 낭만으로 촉촉히 젖어들게 해 준다.

또 21세기를 내다보고 대구 근교의 칠곡에서는 아카시아꿀 축제를 시작하여 매년 5월이면 아카시아꽃과 더불어 아카시아꿀의 우수성을 홍보하려고 한다.

그뿐인가? 일본 홋카이도(北海道)의 삿포로 시에 있는 수백 미터나 되는 아카시 나무 가로수 길은 삿포로 시의 상징으로 널리 알려지게끔 되었다.

하찮아 보이는 식물도 자신의 영역이 있고, 그 영역을 지키기 위해 다른 식물과 경쟁한다. 어떤 생물이 한 지역에 정착하여 그 환경에 순화(馴化)하면서 여러 세대를 이어 온 품종을 토착종 또는 토종이라 하며 사람의 경우 토착민이라 한다.

토착민(土着民)은 그 지역의 풍토에 익숙하며, 그 환경에 순화되고 그 곳 토양이 주는 식품에 길들여져 있다. 토양이 달라지면 식물의 생육과 품질이 달라지게 마련이다. 그러므로 다른 지역의 토양에서 자란 것은 아무리 품질이 좋다고 하여도 토착민의 구미에 딱 떨어지게 맞을 리는 없다. 또 그것을 계속 먹어야 할 경우 건강에 이상이 오지 않을 턱이 없다.

이제 '우루과이 라운드'에 의해 외국의 값싼 농산물이 물밀 듯 들어올 것이다. 처음에는 호기심과 싼 맛에 주저함 없이 덤빌지 모르나 곧 신물이 나고 질리게 될 것이다.

그 기간이 얼마나 걸릴지는 예측하기 어렵다. 그러나 반드시 그 때가 오게 된다. 그 때까지 우리 농민들이 적자영농의 희생을 무릅쓰고라도 끈질기게 우리의 농산물을 생산해 준다면, 또한 정부가 여기에 적절한 정책을 수립하여 준다면 이보다 다행한 일은 없겠다. 그러나 우리의 농업기반이 그 기간을 견디지 못하고 몰락한다면 돌이킬 수 없는 불행한 일이 닥칠 것이다.

외국 식품에 입을 버리고 속마저 그르쳤을 즈음에 토착민을 치료할 수 있는 그 지방의 농산물이 멸종되고, 재배법마저 잊혀지게 되면 어떻게 될까? 생각만 해도 가슴이 답답해진다.

우리의 쌀이 남아서 그 보관료 때문에 양곡 적자가 눈덩이처럼 커져 가는데도 외국산 쌀을 강제로 수입토록 개방해야만 한다니 이게 도대체 무슨 정책인지 정말 이해할 수가 없다. 쌀은 우리의 주식인데 이것마저 외국산에 맛들여진다면 우리 민족 자체의 존립 여부가 흔들릴 것이다.

우리 모두가 정신을 바짝 차리고 심사숙고하여 행동할 때이다. 외국산 농산물이 싸다고 덤비다간 한민족 자체가 붕괴될지도 모른다. 외국 농산물을 수입하여 우리 농민을 울려 놓고도 우리의 2차, 3차 산업이 굳건히 성장할 수 있을지 의문스럽기만 하다.

백의민족이 이 강토에서 평화롭고 행복한 토착 생활을 계속하려면 결코 기본 산업인 농업을 망가뜨려서는 안 될 것이다. 그것은 바로 문화와 전통의 마지막 보루인 ‘입맛’을 앗아가게 되고, 그렇게 되면 굳이 이 강토에서만 살아가겠다고 집착하고 고집할 이유가 없어진다. 또한 그러한 고집이 바로 애국이라는 사실도 점차 그 의미가 희석되어질 것이다.

우리의 토양을 가꾸고 우리 농산물로 국민을 먹여 살리는 일 그것이 바로 우리의 생존을 확인하는 일이며, 대를 이어갈 백의민족의 자손을 영구히 보존하는 애국애족의 행위일 것이다.

흙 냄새의 비밀과 장맛

대지로부터 뜨거운 열기가 뿜어 나오는 한여름날 오후에 한바탕 소나기라도 후두둑 떨어지고 나면, 언젠가 시골의 어느 토방(土房)에서 경험하였던 독특한 냄새가 코를 자극한다. 바로 흙냄새다. 이것은 고향의 내음이며, 생명 근원인 시원(始原)의 내음이다.

지방마다 풍광이 다르고 토양이 다르듯이 흙냄새 또한 지방마다 독특하다. 고향에서 태어나서 거기서 줄곧 자라 왔기에 흙냄새는 그 곳에서 살아온 이들의 뼛속 깊이까지 배어 있는 떨쳐버릴 수 없는 숙명의 냄새이기도 하다.

그런 까닭에 고향을 등지고 떠나는 이들에게 고향의 흙을 담아 선물로 보내는 것은 낯선 곳에서나마 고향의 냄새를 가까이하여 마음의 안정을 얻으라는 속마음 깊은 애정의 표시인 것이다.

지난해였던가 모 재벌의 회사가 먹을 수는 물론 없고, 결코 장식용도 될 수 없는 이북지방의 흙을 수입하여 나누어 준다고 하니, 이북에 고향을 둔 많은 실향민들이 운집하여 수십 톤의 흙이 삽시간에 동이 났다고 한다.

맛있는 음식 냄새를 맡으면 입속에 군침이 돌 듯이 흙냄새 역시 우리 몸의 생리작용에 영향을 주어 건강에도 크게 관여할 것임에 틀림없다. 촉(蜀)나라 원정(遠征)길에 나섰던 조조(曹操)의 병사가 향수병에 시달려 전투력을 상실하였다. 이 때 천하의 명의 화타(華陀)가 고향의 흙을 가져오게 하여 물에 타서 마시게 하였더니, 모든 병사가

한여름날 오후에 한바탕 소나기라도 떨어지고 나면, 시골의 어느 토방(土房)에서 경험하였던 독특한 냄새가 코를 자극한다. 바로 흙냄새다. 이것은 고향의 내음이며, 생명 근원인 시원(始原)의 내음이다.

원기를 회복하여 승전하였다는 고사가 있다.

건강이 악화되어 허약해지면 건강을 북돋기 위해 보혈강장제(補血强壯劑)를 복용한다. 이러한 보혈강장제의 재료를 보면 인삼이나 더덕과 같이 토양 속에서 오랫동안 자라는 식물이든시 아니먼 뱀장어, 지렁이, 지네와 같이 토양 속에서 살고 있는 동물들이 주종을 이룬다. 이것은 우연의 일치가 아니다. 오랜 세월이 지나는 동안 무수한 경험 끝에 얻어낸 분명한 지식인 것이다.

그러므로 간단히 외과적으로 치료하는 것이 아니고, 허약해진 원인을 알아내어 근본적으로 건강을 회복하기 위해서는 토양 속에 살고 있거나 그 속에서 오랫동안 생육한 토양생물을 복용해 왔다. 그것은 재료 속에 들어 있는 미량요소(微量要素)라는 성분도 중요하겠지만 그보다 토양의 정기(精氣)인 흙냄새 때문일 것이다.

일본 유학시절에 있었던 일이다. 밤낮으로 실험에 시달리다 보니 체력이 몹시 쇠약해졌다. 그래서 떨어진 체력을 보강하기 위하여 투명한 유리그릇에다 인삼을 몇 뿌리 넣어 끓이고 있었다. 하얀 뿌리에서 노르스름한 물이 우러나오는 것을 보고 연구실 동료가 신기한 듯 무엇이냐고 몇 번이고 묻기에 말 없이 웃으며 따끈한 인삼차를 한 잔 주었다. 겁도 없이 한 모금 입에 넣고 맛을 보던 그 일본 친구는 얼굴을 찡그리며 "아! 흙냄새" 하고 잔을 놓았다. 그렇다! 인삼의 약효는 인삼이 자라난 토양에서 그 토양의 정기를 오랫동안 흡수하여 몽땅 간직하고 있던 바로 그 흙냄새 때문일 수도 있다는 생각이 들었다.

이러한 흙냄새는 실제로 그 진상은 알고 보면 토양 속에 살고 있는 방사상균(放射狀菌)이라는 미생물이 만들어낸다. 이러한 미생물들은 산성비에 찌들거나 공장폐수로 오염된 강산성 토양에서는 잘 자라지 못하기 때문에, 그런 토양에서는 구수한 흙냄새보다는 오염물질의 악취가 날 뿐이다. 그러나 중성에 가까운 비옥한 토양에서는 이들 균들이 잘 번식하고 활발히 활동하기 때문에 흙냄새가 물씬 풍기게 된다.

이와 같이 흙냄새를 만들어내는 미생물들은 어느 토양에서라도 살고 있지만 그 밀도와 활성에 따라 흙냄새의 농도가 달라진다. 대부분의 경우 미생물들이 만들어낸 냄새는 생기자마자 공기 중으로 쉽게 휘산(揮散)되어 날라가 버리기 때문에 그 냄새를 느끼기 어렵다.

그러나 토양 입자 사이에 생긴 공간에는 미생물들이 만들어 낸 흙냄새가 저장되어 점점 진하게 농축된다. 이 때에 소나기가 오면 빗물이 한꺼번에 토양 공극(空隙)으로 스며들어 공극 속에 저장되어 있던 흙냄새를 한꺼번에 밀어내기 때문에 소낙비가 내리면 쉽게 흙냄새를 느끼게 된다.

우리 나라에서는 춘분을 전후하여 장을 담근다. 장독은 햇볕이 잘

드는 양지 바른 곳에 두고 날씨가 화창한 날에는 장독 뚜껑을 열어 곰팡이가 생기지 않도록 볕을 쬔다. 이럴 때에 무엇인가 잘못 되면 간장, 된장에서 흙냄새가 나게 되어 장맛을 버리는 경우가 있다.

옛 할머니들은 "토정(土精)이 내리는 날에 장을 담그면 흙냄새가 난다"고들 일러 주셨다.

미신같이 들릴지 모르지만 오랜 경험서 나온 과학적 근거가 분명한 이야기라고 할 수 있다.

간장이나 된장에서 흙냄새를 풍기게 되는 것은 장독 뚜껑을 잘못 관리한 데서 그 원인을 찾을 수 있다. 우리·나라의 남부지방에는 음력 2·3월이면 어김없이 강한 '영동바람'이 불어온다. 이 바람을 타고 흙먼지가 장독으로 날아 들어가기 때문일 수도 있다. 어쩌면 그보다 중국의 황하 상류에 퇴적된 황토가 계절풍을 타고 날아와서 장독으로 들어갔기 때문에 된장과 간장에서 흙냄새가 나는 것일지도 모른다.

중국에서 날아온 황토는 무기(無機) 영양분이 풍부하고, 중성 반응을 띠는 미사질(微砂質) 입자이기 때문에 흙냄새를 만드는 방사상균이 생육하기에는 아주 좋은 조건을 갖춘 토양이다. 그렇기 때문에 황토에는 흙냄새를 만드는 미생물이 우글거리고, 이런 황토가 장독에 들어가면 장맛을 그르치게 되는 것이다.

옛 할머님들이 말씀하신 토정(土精)이 내린다는 날과 바람이 많이 부는 날이 우연하게 일치하는지는 분명치 않으나, 바람이 불면 흙먼지가 들어갈 수 있으니 장독 뚜껑을 미리 덮어 장맛을 잘 간수하도록 은근하게 지시하신 지혜로운 가르침에 고개가 끄덕여진다.

무서운 농약

한때 미국서 수입한 과일인 자몽에서 농약이 검출되었다 하여 온 나라가 떠들썩했다. 또 골프장의 잔디를 보호하기 위하여 사용한 농약이 상수도원을 오염시킨다 하여 큰 물의를 일으키기도 했다.

골프장은 배수가 잘 되어야 하므로 그 토양은 대부분 모래흙으로 되어 있다. 그러므로 그 토양은 농약을 붙잡아 보관할 힘이 아주 약하다. 골프장에 농약을 살포하면 이들의 대부분은 빗물에 씻겨 지표수나 지하수를 오염시킬 위험이 큰 것만은 확실하다.

과연 농약은 환경오염의 주범인가?

농약을 사용한다 하여 한결같이 환경을 오염시킨다고 볼 수만은 없다. 식물성 살충제인 제충국, 담배, 데리스 등은 미생물에 의해 쉽게 분해되므로 이들에 의한 환경오염을 크게 두려워할 필요는 없다. 농약공해는 농약에 대한 충분한 지식 없이 함부로 농약을 남용하거나 과용하기 때문에 발생한다. 이와 같이 하여 발생하는 농약공해는 크게 두 가지로 나누어 생각할 수 있다.

파라티온 같은 맹독성 유기인제(有機燐劑)처럼 살포 도중에 사람과 가축에 급성으로 중독 사고를 일으키는 경우를 들 수 있다. 또 농약을 마시고 자살하는 소동이 가끔 일어나 신문과 방송에 보도된다. 이러한 사고는 그렇게 흔하지 않으나 눈에 쉽게 드러나기 때문에 일반적으로 농약을 모두 독성이 강한 물질로만 여긴다.

그러나 농약 중에는 사람과 가축에 대한 독성이 아주 약한 것도 적지 않다. 이러한 농약은 사람과 가축에 대한 급성의 독성은 약하나, 그 약효가 식품이나 토양 속에 오래도록 지속하는 잔류성이 긴 것이다. 농약공해는 주로 이러한 잔류성이 긴 농약에 의해 일어난다고 할

농약으로 인하여 심하게 피해를 입은 대표적 동물은 물고기를 잡아먹고 사는 독수리 종류였다. 번식력에 피해를 입었던 것이다. 독수리 둥지에 있는 알은 껍질이 너무 얇아서 부화되기 전에 전부 깨져 버렸다. 바로 DDT의 생물적 농축 현상 때문인 것이다. 왜냐하면 수중 먹이사슬은 육지의 것보다 보통 2, 3단계 더 길어 먹이사슬에 의해 농약의 농축이 그만큼 더 짙어지게 된 때문이다. DDT는 농축이 되어도 독성이 강하지 않아 독수리의 생명에 별 지장을 주지 않았으나, 그 알이 영향을 받은 것이다. 독수리의 숫자가 급격히 줄어든 것은 바로 이 때문이었다.

수 있다.

농약을 살포하면 그 약효는 시간이 경과함에 따라 점차 감소하기 때문에 건전지처럼 일정한 시간이 지나면 농약의 약효가 없어지게 되며, 사용한 농약의 대부분은 결국에 가서는 토양으로 떨어지게 된다.

이와 같이 하여 토양에 들어온 농약은 토양에 흡착되거나 식물에 흡수되며 일부는 공중으로 휘산한다. 자외선에 의해 분해되거나 생물적 또는 화학적으로 분해되며 빗물에 씻겨 토양으로부터 유실되기 때문에 그 약효가 점차 감소된다.

맹독성인 파라티온의 잔류 기간이 일주일인 데 비하여 DDT는 4년 이상이나 된다. 독일의 화학자 뮐러는 DDT의 살충 효과를 발견하여 노벨상을 받았다. 그러나 DDT처럼 안정된 합성물질은 생물체 내에 이것을 분해시키는 효소(酵素)가 없기 때문에 생물체 내에서 장기간 잔류되어 축적됨으로써 공해의 원인이 될 수 있다는 사실을 그 당시로서는 까맣게 몰랐다.

잔류성이 긴 농약에 오염된 생물이 죽으면 그 체내에 있던 농약은 사체(死體)를 분해하는 또 다른 생명체의 분해 작용에도 안전하게 남아 있을 수 있기 때문에 다른 생물의 몸 속으로 다시 들어가서 잔류하기도 한다.

그러므로 먹이사슬의 윗단계인 육식동물로 올라갈수록 몸 속에 잔류한 농약의 농도가 높아지게 되는 생물적 농축 현상이 일어난다. 이러한 농축이 진행되면 결국 고등동물에게 농약의 중독 증상이 나타나게 된다.

농약으로 인하여 심하게 피해를 입은 대표적 동물은 물고기를 잡아먹고 사는 독수리 종류였다. 번식력에 피해를 입었던 것이다.

독수리 둥지에 있는 알은 껍질이 너무 얇아서 부화되기 전에 전부 깨져 버렸다. 바로 DDT의 생물적 농축 현상 때문인 것이다. 왜냐하면 수중 먹이사슬은 육지의 것보다 보통 2, 3단계 더 길어 먹이사슬에 의해 농약의 농축이 그만큼 더 짙어지게 된 때문이다.

DDT는 농축이 되어도 독성이 강하지 않아 독수리의 생명에 별 지장을 주지 않았으나, 그 알이 영향을 받은 것이다. 독수리의 숫자가 급격히 줄어든 것은 바로 이 때문이었다.

또 미국의 미시간 호에서 연어알을 채집하여 부화시켰더니, 부화된 연어 새끼는 처음 며칠은 정상 생육을 했으나 곧 갈색으로 변하며 죽어갔다. 연어알의 노른자에 DDT가 농축되어 있었던 탓이었다.

그렇다고 반드시 어린 것에만 중독이 일어나는 것이 아니고, 어미에게도 중독 증상이 나타난다. 네델란드에서 있었던 일이다. 느티나무의 해충을 없애기 위해 DDT를 뿌렸더니 참새가 떼죽음을 당하였다. 참새가 DDT를 직접 맞았기에 죽은 것은 아니다. 비에 씻긴 DDT는 토양 속에 살고 있던 지렁이의 몸 속에 축적되었고, 이를 먹이로 한 참새는 더욱 DDT가 농축되어 몸을 비틀며 죽어간 것이다.

먹이사슬의 맨 위에 있는 인간은 각종 농약으로 오염된 식품을 먹게 된다. 식품 원료에 농약을 직접 쓰지 않아도 먹이사슬을 통해 인체에 농약이 들어와서 죽을 때까지 지방 조직 속에 축적되어 있게 된다. 그것이 비록 지금은 안전한(?) 미량일지라도 쌓이다 보면 중독증을 일으킬 만큼 축적될 수도 있다는 점을 명심해야 할 것이다.

우리 쌀 지키기

계유년의 마지막 달은 어느 때보다도 농촌과 농민에 대한 관심이 집중되었던 때였다. 정부의 미지근한 태도와는 달리 온 국민이 하나되어 우리 농촌과 농민의 내일을 염려하며, 그들의 사기를 진작시키기 위해 열화와 같은 성원을 보여 주었다.

농하인의 한사람으로서 가슴 뭉클한 민족애를 느꼈다. 또한 이러한 성원을 좀더 일찍 보여 주었더라면 하는 아쉬움도 없지 않았다.

우루과이 협상이란 말이 나온 후로 줄곧 움츠러들기만 했던 농민들도 이제는 외톨이가 아님을 분명 실감했을 것이다. 이 진한 감동을 한 곳으로 응축시켜 농촌 재기에 우리 모두가 힘을 합쳐야 할 때이다.

농민은 우리 모두의 고향인 농촌을 지키고 가꾸며, 국민 모두를 먹여 살린다는 자부심을 갖고 심기일전하여 또 한 번 땀을 흘려 보겠다는 각오를 해야 한다. 그리고 도시인 역시 농민의 권익이 내 것인 양

지켜 주려고 노력해야 할 것이다.

지금까지의 농업정책은 주곡 자립을 달성하기 위해 농민의 희생을 강하게 요구하여 왔다. 모내기 시한에 쫓긴 나머지 아직도 익어 가는 수박이 줄줄이 달린 수박밭을 눈물을 삼키며 경운기로 갈아엎어야 했다. 흰 물이 나오도록 아직 덜 익은 보리도 며칠을 더 기다릴 수 없다 하여 그냥 베어내고, 시한에 늦지 않게 벼를 심도록 강제력을 발동하지 않았던가?

그런데 당장 내일부터는 아무런 보장도 없이 무한경쟁시대이니 자유경쟁에서 이길 수 있는 벼농사를 지으라고 떠밀어 낸다면 농민의 설 자리는 과연 어디란 말인가?

이제는 정말 농촌을 살릴 근본적인 방안을 모색해야 한다. 번지르하게 호도하는 말뿐인 정책은 더 이상 필요 없다. 정부는 가시적인 확고한 정책을 제시해야 하며, 도시인도 그 정책을 실현하는 데 적극 동참해야 할 때이다. 그 누구도 당장의 급한 불만 끄려고 현실성 없는 구호만을 외치는 일이 없어야 한다. 농민들은 지금까지 속아 온 것만으로도 충분하다.

정부는 우리 쌀의 생산비 절감에 최선을 다해야 하며, 도시인은 우리 쌀을 지킬 수 있도록 가능한한 협조해야 한다. 미군 'PX'에서 유출되는 '칼로스(California Rose)' 쌀이 아파트 단지에서 동이 나게 팔린다는 현실에서는 결코 우리 쌀을 지킬 방도가 서지 않는다. 외국산 쌀이 품질이 좋고 값도 싸다는 평계만으로 외국산 쌀을 선호해서는 우리의 쌀을 지켜 낼 수가 없다.

외국산 쌀이 우리의 쌀보다 값이 싼 이유는 크게 두 가지로 설명할 수 있다. 미국이나 호주 및 중국과 같이 땅덩이가 큰 나라는 호당 벼 재배면적이 우리와는 비교할 수 없을 만큼 넓다. 우리 나라의 호당 평균 경작면적이 0.9ha(2,700평)인 데 비하여, 외국의 경우는 수백 또는 수천 ha이므로 생산 단가가 낮아질 수밖에 없는 것이 첫째 이유이다.

또 다른 이유는 저개발국가의 낮은 노임 때문이다. 우리 농촌의 하루 품삯은 몇 차례의 새참과 담배값을 별도로 하고서도 순수하게 지불하는 인건비만도 5만 원을 넘었다. 그러나 태국, 베트남, 인도네시아와 같은 나라의 노임은 일당이 1만 원 이하이니 생산비가 그만큼 낮아진다. 게다가 기후 또한 열대 내지 아열대이니 벼 재배에 아주 적당하여, 연중 이모작 내지 삼모작이 가능하여 생산 단가가 더욱 낮아진다.

중국의 남부인 양쯔강(揚子江) 일대 지역에서는 2000년대에 한국에 수출할 쌀 재배단지를 조성하고, 가마당 2만 원의 가격으로 우리 나라에 쌀을 수출할 것이라고 한다. 현재 우리의 쌀 가격이 가마당 10만 원을 넘고 있으니, 물가 상승을 고려한다면 가격 경쟁은 아예 포기하는 쪽이 현명할 것 같다.

그렇다고 손발 묶어 두고 정부와 하늘만을 원망하고 있을 수는 없다. 최선을 다하여 생산비를 절감하고, 우수한 품질의 쌀을 생산할 수 있도록 끊임없이 노력해야 한다. 노임을 줄이기 위해 건답직파(乾畓直播)니 기계 이앙 등으로 영농을 기계화하며 완효성(緩效性) 비료를 개발하는 데 큰 힘을 쏟고 있다.

양질의 쌀을 생산하려고 새로운 품종을 육종(育種)하고, 농약 사용량을 줄이는 재배방법을 속속 개발해 내고 있다. 이런 때에 정부에서는 농업 진흥지역에 농업의 기본 시설을 완벽하게 갖추도록 우선 투자해야 할 것이다.

이렇게 어려운 여건 속에서도 구태여 우리 쌀을 지키자고 강조하

는 것은 주곡인 우리 쌀을 우리 손으로 지어야 우리 민족이 영원히
독립할 수 있기 때문이다.

5
암흑 속의 군상들

토양 속의 생물

산을 오르는 늙은 스님의 발걸음이 너무도 조심스러워 그 이유를 물어 보았더니 "지하의 미물도 생물인데, 무고한 살생을 피하기 위해서"라고 대답하였다고 한다. 신발 밑에 깔려 혹시나 토양 속에 살고 있을 생물이 다칠까 염려하는 불심 때문이다.

늙은 스님의 말처럼 땅 밑에도 생물이 있는가? 이 질문에 우리는 상식적으로 '지렁이'나 '지네'를 생각하면서 "있지"라고 자신 있게 대답할 것이다. 과연 그렇다. 그러나 우리가 생각하는 것보다는 훨씬 더 많고 다양한 생물들이 토양 속에서 그들의 세계를 즐기며 살아가고 있다.

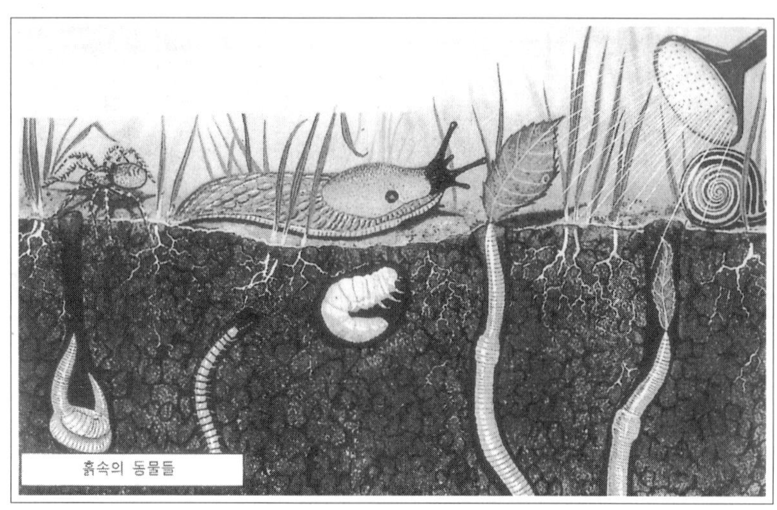

토양 생물의 대부분은 식물이다. 그러나 움직이며 살아가는 무리들도 헤아릴 수 없을 만큼 많다. 토양에 들어오는 유기물을 분해하는 데에는 이러한 움직이는 생물의 작용을 또한 무시할 수 없다.

토양은 그 부피의 절반 정도가 딱딱한 고체 덩어리로 되어 있으나, 나머지 절반은 비어 있는 공간이라고 수차례에 걸쳐 설명하였다. 이 공간이 바로 지하의 생물들이 살아가고 있는 삶의 터전이다. 공간의 벽면을 장식하는 고체 덩어리인 젤리 상태의 유기물은 토양 생물이 먹고 사는 식량이 된다.

이와 같이 사방으로 둘러싸인 충분한 양식이 있고, 축축한 공기와 온화한 기온이 두루 갖추어져 있는 토양 속에는 지상에서처럼 위태롭거나 해로운 공해마저 없으니, 토양 생물이 살아가기에 안성맞춤의 환경이라 아니 할 수 없다.

그런 까닭인지 지하의 생물은 지상의 생물보다 그 종과 숫자가 비교할 수 없을 만큼 다양하고 풍부하다. 다만 인간의 기준으로 한 가지 아쉬운 것은 태양광선이 없다는 점이다.

그러나 생명의 유지가 가능한 곳이면 어디든지 생명이 발생할 수 있다는 것도 '머피의 법칙'에 해당하는지, 토양 중에 생존하고 있는 생물은 햇빛이 없어도 그들이 살아가기 위한 활동에는 아무런 방해를 받지 않는 종류들이다. 그보다 이들의 대부분은 오히려 햇빛에 노출되면 사멸하는 존재들이라고 할 수 있다.

땅 속이라고 하면 우리는 곧 죽음을 생각한다. 깜깜한 어둠만이 도사리고 있는 땅 속! 그러나 그 땅 속에 아니 토양 속에는 수많은 종류의 생물들이 소리없이 움직이며 생(生)의 열락(悅樂)을 가꾸고 있다는 것을 생각할 때, 토양은 바로 이러한 생물들의 배양기라 할 수 있을 것이다.

토양 생물의 대부분은 식물이다. 그러나 움직이며 살아가는 무리들도 헤아릴 수 없을 만큼 많다. 토양에 들어오는 유기물을 분해하는 데에는 이러한 움직이는 생물의 작용을 또한 무시할 수 없다.

현미경을 이용하지 않고 그냥 맨눈으로도 볼 수 있는 것 중에서 두더지, 개미, 지렁이 같은 것은 비교적 큰 동물에 해당하며, 이들 크기의 백만분의 일 정도밖에 되지 않는 응애 같은 종류는 아주 작은 동물이라고 할 수 있다. 이 응애는 육안으로 볼 수 있는 가장 작은 토양 동물이지만, 이것은 토양 동물 중에서 가장 작은 원생동물(原生動物)에 비교하면 백 배 이상이나 크다. 그러나 이 원생동물도 현미경학적인 크기의 박테리아나 바이러스와 비교해 본다면 엄청나게 큰 존재이다.

토양 생물은 크기와 종류뿐만 아니라 숫자상으로도 놀랄 만큼 대단한 양이라는 점을 밝혀 두지 않을 수 없다. 흙 한 줌에 토양 생물이 수억 마리가 들어 있다고 한다면 모두가 잘 믿으려 하지 않을 것이다. 그러나 그것은 어김없는 사실이다.

한 숟가락 정도의 온대지방의 흙 속에는 1억 마리의 박테리아, 2천만 마리의 방선균(放線菌), 1백만의 원생동물, 20만의 조류(藻類)나 균류들이 맹렬히 활동하고 있다.

약 백만 종에 달하는 곤충 중에서 95% 정도는 그들의 생애 중에 일정 기간을 토양 속에서 생활한다. 그러므로 1천 평의 토지에는 곤충의 알, 유충, 성충이 적어도 5억 개 정도가 들어 있다. 응애 한 부류만 하여도 10억 마리 이상이 들어 있는 것이 보통이다.

이와 같이 토양 중에는 이상한 모양을 하거나 섬세한 형태를 가진 생물들이 살아가면서 지상에서 처럼 먹고 먹히는 작은 고리를 이루어 ‘먹이사슬’에 연결된다. 이 작은 고리가 ‘먹이사슬’ 어느 위치에 해당하는가는 토양 생물 간의 경쟁에 의해 결정되겠지만, 이러한 경쟁은 지상에서처럼 격렬하지는 않은 것 같다.

그러나 격렬한 투쟁이 없어도 토양은 자신의 품 속에 찾아드는 토양 생물의 수와 종류를 자연의 섭리에 따라 조용하게 조절한다. 그러므로 토양은 어떤 특정 종류의 생물만이 급격하게 번성하는 것을 자연스럽게 억제한다. 그런 의미에서 토양은 지극히 보수적이다.

토양 속에서 생물이 산다는 것은 그 자체의 수를 일정한 범위로 유지하는 것을 의미하며, 이것은 지상 생물과도 크게 다르지 않은 현상이다. 어떤 종이 좋은 환경을 맞으면 빨리 증식한다. 그러나 그 증식으로 숫자가 너무 불어나면 오히려 그들의 생활 환경이 나쁘게 변질되므로 저절로 그들의 수가 감소하게 된다. 그래서 다시금 살아가기 좋은 환경이 되돌아오게 된다. 그러므로 토양 생물들은 생활 환경이 나빠지더라도 금방 더 좋은 환경을 찾아 떠나는 것이 아니고 다시 활동을 시작할 때를 기다리며 인고(忍苦)할 줄 알고 있다. 이렇게 멋진 토양 생물들을 우리는 아무 가책 없이 토양을 오염시켜 괴롭히고 죽게 하고 있다.

개간의 역군 - 지렁이

토양 속에는 수많은 동물들이 살고 있고 그 대표라 할 만큼 우리 주위에서 흔히 볼 수 있었던 것이 지렁이다.

비가 갠 뒤면 흰 띠를 충충 두른 빨간 지렁이가 마당을 이리저리 기어다닌다. 이럴 때면 부엌에 있는 소금을 들고 나와 지렁이의 몸에 뿌리고 노란 피를 흘리며 결사적으로 꿈틀 꿈틀 몸부림치는 지렁이를 지켜보던 악동 시절의 추억을 50대의 초로(初老)라면 누구나 가지고 있을 것이다. 지렁이를 보기만 하면 비명을 질러대던 여자애들의 짜릿하던 소리하며······.

그러면 그렇게 징그러운 지렁이 이야기를 하는 이유는 과연 어디 있는가? 지렁이는 우리와 가장 가까이 살고 있으나 그들에 대해 너무 모르고 지낸다.

우리가 징그럽게 여기는 것과는 달리 지렁이는 토양을 비옥하게 하는 일등공신이며, 토양을 개간하는 훌륭한 역군이다. 또한 토양은 물론 환경의 오염을 알려 주는 전령이라 할 만큼 지상의 어느 생물보다 오염에 민감한 동물이다.

그러한 지렁이가 산성비를 비롯한 각종 독물로 오염된 토양에 더 이상 견딜 수 없었던지 우리 주위에서 차츰 자취를 감추고 있다. 이러한 사실은 토양이 병들어 죽어가고 있다는 것을 의미한다. 지렁이가 산성비에 오염된 산성 토양만을 싫어하는 것은 물론 아니다. 침엽수림의 산성 토양에서도 살기를 거부한다. 여기에 얽힌 재미나는 얘기가 있다.

영국의 어느 잔디 테니스 코트에 비가 내린 다음 날 흰색 경계선이 지워졌다. 지워진 경계를 구획짓고자 석회로 백색 선을 그렸다. 그러

지렁이의 영향을 가장 많이 받는 땅은 초지이다. 초원에 살고 있는 지렁이의 총 무게는 그 곳 지상에서 풀을 먹고 자라는 가축의 총 무게와 비슷할 정도로 에이커당 1백만 마리 이상이 살고 있는 곳도 드물지 않다. 또한 지렁이가 다니는 통로는 초지의 배수로나 공기가 통하는 통기구가 되며 식물 뿌리가 뻗어나가는 길이 된다.

나 이튿날 아침 이 백색 선은 또 대부분 사라져 버리고 선이 그려져 있던 자리의 토양이 부풀어올라 있었다. 찬찬히 조사해 보았더니 그 곳 테니스 코트의 토양은 원래 산성을 띠고 있어 지렁이가 살기에 적당하지 못한 환경이었다.

그러나 석회로 선을 그은 그 자리의 토양은 산성이 중화되어 지렁이에겐 살기 좋은 환경으로 바뀌었기 때문에 주변에 있던 지렁이가 모두 백색 선 밑으로 모여들었다. 그러자 이 석회 선 아래에 모여든 지렁이를 잡아먹기 위해 두더지가 땅굴을 파고 들어갔기 때문에 석회로 그린 선을 따라 토양이 부풀어 올랐던 것이다.

이처럼 지렁이는 온대의 낙엽수림이나 초원 등 살아 있는 토양에는 어디든지 생존하며, 자신이 살고 있는 토양을 갈아엎어 비옥한 토양으로 만든다. 그보다 지상의 모든 경작토는 한 번 이상 지렁이의 몸을 통과해서 새로 생겨났다고 해도 과언이 아니다.

지렁이는 라틴어로 바퀴[輪]를 의미하는 '아네리다'(환형동물문)에 속한다. 지금까지 약 1천 8백 종이 알려져 있으며, 가장 작은 것은 2.5cm 정도이나 호주에는 길이 3m 몸둘레 7.5cm에 약 1kg이나 나가는 거대한 지렁이도 있다고 한다. 우리에게 친숙한 빨간색 지렁이는 백 개 이상의 마디를 갖고 있으며 각 마디에는 짧은 털이 나 있어 이것들이 발의 역할을 하여 움직인다.

지렁이의 몸뚱이를 반으로 잘라 버리면 두 마리가 되는 것처럼 알려져 있으나, 실제로는 그렇지 않다. 몸의 일부가 떨어져 나가면 머리 쪽보다 꼬리 쪽이 쉽게 재생하지만 두 마리가 되는 것은 아니다.

지렁이는 난자와 정자를 모두 만드는 암수동체이지만 번식을 하기 위하여 혼자서는 수정할 수 없고, 두 마리가 정자를 서로 교환하여 두 마리가 따로따로 자손을 갖는다. 그들은 보라색 쌀알 같은 알집을 만들고 여기서 부화된 새끼는 노란색을 띠지만, 흙을 먹으면 흙 속의 산화칠을 흡수하여 곧 뻘건색으로 변한다.

먹이로는 주로 썩어 가는 식물체를 먹는데 하루에 자신의 체중만큼 먹어치우는 대식가이다. 특히 좋아하는 먹이는 우마(牛馬)의 분뇨이며, 때로는 육류나 지방까지 먹기도 하며, 죽은 동료의 시체마저도 먹어 치운다. 지렁이는 식물체를 먹기 전에 석회가 섞인 알칼리성 침을 발라 예비 소화를 시켜서 먹는 독특한 식사를 한다.

자신의 체중보다 50배나 무거운 흙덩이나 돌을 밀치고, 일부는 먹어 가며 전진하여 굴을 만든다. 이 때 삼킨 토양은 시렁이의 소화관에서 더 잘게 부서지고 소화액이 섞여 일부는 소화되나 대부분은 굴밖에 똥으로 내다버려지거나 토양 틈 사이로 배설된다. 이런 배설물에는 식물 영양분이 풍부하게 들어 있기 때문에 이것이 쌓이면 기름진 표토가 된다.

지렁이의 영향을 가장 많이 받는 땅은 초지이다. 초원에 살고 있는 지렁이의 총 무게는 그 곳 지상에서 풀을 먹고 자라는 가축의 총 무게와 비슷할 정도로 에이커당 1백만 마리 이상이 살고 있는 곳도 드물지 않다. 또한 지렁이가 다니는 통로는 초지의 배수로나 공기가 통하는 통기구가 되며 식물 뿌리가 뻗어나가는 길이 된다.

지구상에 살고 있는 조류(鳥類)의 대부분이 지렁이를 먹고 살아간다고 할 만큼 지렁이는 조류와 포유동물의 주된 먹이가 되기도 하지만 그보다 더 큰 은혜를 베푸는 대상은 역시 식물이다.

지렁이가 많이 사는 토양은 채질을 한 것처럼 보드라운 표토로 되어 있는데, 이것은 지렁이의 배설물 덕이다. 이런 배설물은 유기물이 풍부하고 입단화(粒團化)되어 있어 주위의 토양보다 훨씬 비옥하다.

이처럼 자연의 딱딱한 토양을 부드럽게 개간하는 연약한 지렁이의 역할은 상상하기 어려울 만큼 크다. 게다가 우리는 지렁이가 일구어 놓은 토양의 덕분으로 지금까지 살아왔다는 것을 생각할 때 지렁이가 사라져 가고 있는 현실을 예사롭게 보아 넘겨서는 안 될 것이다.

지렁이가 살아 움직이는 한 그 토양은 살아 있고, 우리는 환경의 오염으로부터 아직은 안전하다고 할수 있을 것이다.

완벽한 청소-부패

입춘이 지나고부터는 하루 하루가 다르게 햇살이 두터워진 듯한 느낌이 들며 입고 있는 외투가 무겁고 거추장스럽다.

지난 해에 담근 김장 김치의 맛이 시어지며 군내가 나기 시작한다. 곧 곰팡이가 피어나고 배추가 물렁물렁하게 연해져서 먹을 수 없게 될 것이다. 김장을 담그고, 메주를 쑤어 간장 된장을 만들며, 술과 식초를 얻어내는 미생물의 작용을 발효라고 한다. 반면에 똑같은 미생물의 작용일지라도 식품을 망가뜨리거나 고기가 썩어 먹지 못하도록 변화시키는 작용을 부패라고 한다. 일반적으로 발효는 유용한 것으로 여기나, 부패는 아주 몹쓸 작용인 것으로 오해하고 있다.

발효이든 부패이든 이러한 작용을 하는 미생물은 모두 토양에서 유래했다. 토양 속에 미생물이 살고 있기에 토양을 살아 있는 생명체라고 할 만큼 그 속에 많은 미생물이 서로 가깝게 이웃하여 상부상조하면서 살아가고 있다.

토양 속에서 살아가는 미생물들의 생활도 인간의 사회성과 비슷한 점이 많다. 자신의 생활을 스스로 영위하며 다른 종의 삶에는 전연 관여하지 않는 중립파가 있는가 하면, 다른 종과 더불어 살려는 공생이나 원시협동을 하는 무리가 적지 않은 반면에 상대를 죽이거나 약탈하여 살아가는 침략파도 있다.

그러므로 한정된 생활 조건에서 살아남기 위해서는 경쟁을 하기도 한다. 자기에겐 무해무독(無害無毒)이나 다른 종을 해칠 수 있는 항생제를 만들어서 자신의 영역을 넓히기도 한다. 한편 어떤 부류는 다른 종에 기생하거나 포식(飽食)하며 일방적으로 상대를 공격하기도 한다.

이와 같은 상호 관계가 성립되어 있기에 외부로부터 새로운 미생물이 들어와도 그 토양에 제대로 정착하기가 극히 어렵다. 토양에 토착성이 아닌 세균이나 균류(菌類)를 첨가하면 단기간 내에 죽어 없어

에스키모 인들은 북극의 토양 속에 미생물이 살아 있는 현상을 잘도 이용하였다. 물개나 백곰의 껍질을 벗겨 토양 속에 묻어 두면 살점과 기름기는 썩어 없어지고 부드러운 가죽만 얻게 되는 방법을 알고 있었다.

진다. 그리고 외부로부터 미생물이 들어왔을 때 일어나는 토양 속의 변화는 예외 없이 일시적이다.

어린 날 하루에도 몇 번씩 손등이 터지고 무릎이 깨지고 하여 상처가 아물 날이 거의 없었다. 무릎을 갈고 손등이 터지면 부모님 몰래 보드라운 흙을 상처 부위에 뿌려서 지혈도 하고 상처를 치료하기도 하였다. 요즈음 같아서는 상상도 할 수 없는 일이나, 그 당시는 흙만 발라도 상처가 깨끗하게 잘도 아물었다.

항생제를 만드는 미생물들이 살고 있는 토양이기에 상처를 낫게 해 주었을 것이라고 믿고 싶다. 이러한 미생물은 열대와 온대지방에는 물론 알래스카와 같은 북극의 한대(寒帶) 토양 속에도 번식하고 있다.

에스키모 인들은 북극의 토양 속에 미생물이 살아 있는 현상을 잘도 이용하였다. 물개나 백곰의 껍질을 벗겨 토양 속에 묻어 두면 살점과 기름기는 썩어 없어지고 부드러운 가죽만 얻게 되는 방법을 알고 있었다. 살과 피는 쉽게 썩어 없어지는데 털과 가죽은 왜 썩지 않고 그대로 남아 있을까? 쉽게 썩는 것과 썩지 않는 것의 차이는 무엇일까? 그것은 재료를 분해하는 미생물들의 능력에 차이가 있기 때문이다.

미생물에는 인간과 같이 공기 중의 산소를 호흡하는 호기성(好氣性) 미생물과 화합물 중에 들어 있는 산소를 얻어 살아가는 혐기성(嫌氣性) 미생물이 있으며, 부패는 주로 호기성 미생물의 작용으로 일어난다.

호기성이든 혐기성이든 미생물이 번식하기 위해서는 충분한 양분과 적당한 온도, 습도는 물론 미생물의 생육을 저해하는 독물에 오염되지 않은 환경이 갖추어져야 한다.

미생물은 주로 유기물을 먹고 살아가며 또한 번식한다. 그런데 유기물은 탄소, 산소, 수소 및 질소가 엉켜 있는 물질이다. 미생물이 그들의 음식물인 유기물을 먹으면 그 속의 탄소 성분은 에너지원으로 사용되고, 질소는 미생물의 몸체를 만드는 요소로 쓰이게 된다.

그러므로 탄소(C)가 많고 질소(N)가 적은 유기물이면 먹을 것은 많은데 먹어 치울 미생물 숫자가 적기 때문에 먹을 것 많이 남게 된다. 그러한 유기물은 잘 썩지 않고 남아 있게 되며, 반면에 탄소가 적고 질소가 많은 유기물이라면 먹을 것은 적은데 먹으려는 미생물 수는 많기 때문에 그런 유기물은 빨리 썩어 버리게 된다.

이와 같이 영양분 속의 탄소와 질소의 비율(탄질비)이 발효나 부패의 속도를 조절하는 데 가장 중요한 요인인 것이다. 그런데 탄질비(炭窒比)가 큰 것으로는 톱밥, 침엽수잎, 보리짚, 밀짚 등과 같이 잘 썩지 않는 것들이 있으며, 탄질비가 작은 것에는 고기류와 사료작물 등처럼 쉽게 변하는 것들이 있다.

탄질비가 큰 밀짚과 보리짚은 쉽게 썩지 않으므로 퇴비로 만들어 쓰기보다 땔감으로 많이 쓰이고 있으며, 소나무잎도 탄질비가 커서 잘 분해되지 않기 때문에 산에 가면 많이 쌓여 있는 것을 볼 수 있다. 반면에 탄질비가 작은 동물의 시체나 생선은 쉽게 썩는다. 이 때 탄소를 소화하고도 남는 여분의 질소는 암모니아나 메르캅탄처럼 냄새나는 물질이 되어 공중으로 날라가기 때문에 고약한 냄새를 풍기게 된다.

우리 나라에서는 잘 변하는 것을 빗대어 '숙주나물과 같다'고 말한다. 단종에서 세조에게로 쉽게 돌아선 신숙주의 변절이 미워, 여름철에 잘 변하는 녹두의 어린 새싹을 삶은 녹두나물을 '숙주나물'이라고 했단다. 숙주나물은 탄질비가 작기 때문에 쉽게 변질될 수밖에 없는 것이 당연한 사실이지만 음식이 변하는 안타까움과 신숙주의 변절을 한꺼번에 섞어서 만든 조상님네의 멋진 언어 유희의 산물일 것이다.

이른 봄이나 늦가을에 마당에 뒹굴고 있는 낙엽들을 한 곳에 쓸어 모아 퇴비를 만들 때에는, 요소(尿素)나 계분(鷄糞) 등 질소질이 많은 재료를 첨가하여 섞어 주면, 탄질비가 작아져서 잎들이 빨리 썩어 좋은 퇴비가 된다. 옛날 우리의 부지런한 조상들은 새벽 일찍이 일어나 동네의 개똥을 모두 주워서 퇴비더미에다 넣어 주고, 밤새 요강에 모아 둔 오줌을 퇴비 위에 뿌려서 탄질비를 낮추었다.

부패는 토양이 우리 인류에게 선사한 가장 훌륭한 소제 도구이며 거름 장치이다. 우리가 보기 싫어하는 모든 것을 썩게 하여 없애주고,

다시금 식물의 영양분으로 만들어 주니 부패는 발효 못지 않게 유용한 작용이라고 하지 않을 수 없다.

부패가 없는 환경은 상상하기조차 끔찍하다. 모든 공간에는 썩지 않은 시체가 산처럼 쌓여 있고 우리 모두는 주검 위에서 살 수밖에 없게 될 것이기 때문이다.

칠년 지옥, 보름 천국

7월로 접어들면서 벌써 무더위가 시작되었다. 금년은 '엘리뇨'라는 이상기후 탓으로 예년보다 더위가 일찍 찾아와서 오래도록 머물 것이라는 기상청의 장기예보다. 금년 여름의 더위를 어떻게 이겨내야 할지 벌써부터 걱정이 앞선다.

여름 더위를 극복하는 방법은 사람마다 다르겠으나, 시원한 삼베옷을 입고 나무 그늘 밑 살평상에 누워 한가하게 매미 소리를 듣는 것도 IMF 시대를 살아가는 멋진 피서 방법에 들어갈 것이다.

여름철에 들리는 매미 소리는 정녕 자연이 살아 있음을 알리는 신호이다. 그런데 요즈음 도심지에선 매미 소리를 들을 수가 없으니, 좋은 피서법 하나는 일단 접어 두어야 할 형편이다.

매미야 어디든지 푸른 잎을 달고 있는 나무만 있으면 날아드는 것으로 알아 왔다. 그러나 모든 것이 편리하다는 도심에서는 좀처럼 매미 소리를 들을 수가 없다. 하늘을 찌를 듯한 고층 빌딩 사이 사이로 차량들이 품어내는 배기가스와 오염된 분진에 찌들린 가로수 몇 그루뿐인 도시 한복판까지 매미가 날아올 리 없기 때문이다. 어쩌다 집안 뜰에 있는 대추나무에 매미가 와서 울기라도 하면 무슨 경사라도 난 듯이 온 식구의 얼굴에 웃음이 깃들고 마음이 들뜨게 된다.

매미는 옛 사람들의 풍류에 의하면 이슬만을 먹고 고고하게 자라서 탐욕스럽지 않기 때문에, 비록 미물이라도 인간의 선비에 비유할 만큼 깨끗한 곤충으로 여겼다. 그래서 임금이 정무를 볼 때 쓰고 있는 익선관(翼蟬冠)은 매미의 날개 깃 모양을 넣어 만들었다고 한다.

이 얼마나 어처구니 없는 비유인가?

매미는 나무의 수액(樹液)을 빨아 먹고 사는 해충이다. 매미가 많이 붙어 있는 나무는 '거스름병'이라는 병이 생겨날 만큼 나무를 못 살게 괴롭히는 존재이다. 그뿐인가? 매미는 교목(喬木)의 새로 나온 가지에 4, 5mm 깊이로 칼자욱 같은 홈집을 계단식으로 총총히 만들어, 거기에 50~600개 정도의 알을 낳는다.

매미가 알을 낳은 사과·대추·감나무의 가지는 그 해에 생겨난 새 가지이다. 그 가지의 양쪽에 칼집을 낸 것처럼 계단식으로 촘촘히 상처가 나 있고, 껍질은 들떠서 터실터실하게 보인다. 어쨌든 매미가 알을 낳은 가지는 결국 말라서 죽게 된다.

이러한 가지에 있던 알이 부화하면 애벌레가 되는데, 이것을 보통 굼벵이라고 부른다. 이 굼벵이는 땅 속으로 들어가 7년이나 8년이라는 긴 세월 동안을 그 속에서 살아가면서 끈질기게 햇빛 볼 날을 기다려야 한다. 언제나 축축하게 젖어 있는 좁은 공간과 햇볕이 들지 않는 암흑 속을 7년 이상 인고하면서 땅 속에 들어 있는 썩은 나무나 풀의 뿌리와 나무 뿌리의 수액으로 연명해야 한다. 이 얼마나 고통스러운 삶의 연속이겠는가?

그러나 굼벵이는 토양 속에서 오랫동안 살아 왔기에 그 토양의 정기에 온통 절어 있음에 틀림없다. 그런 탓인지 한방약에서는 간염의 특효약으로 등록되어 있다.

그래서 요즈음에 와서는 굼벵이를 약으로 사용하겠다는 인간의 욕심과 토양 생물의 생명에는 관심을 두지 않고 쉴 틈 없이 뿌려대는 농약 때문에 지긋지긋한 굼벵이의 지하생활마저도 순탄치 못하게 되었다. 7년 이상이나 견뎌 온 암흑의 지옥생활을 청산할 때는 캄캄한 밤을 택한다. 한밤중에 아무도 모르게 지상으로 땅을 헤집고 올라와서, 가까운 나뭇가지에 달라붙어 굼벵이의 껍질을 벗고 멋진 매미로 탈바꿈한다.

굼벵이가 밤새 탈바꿈하여 매미가 되면, 땅 속에서 느릿느릿 기어만 다니던 시절과는 너무나 다른 세상을 만난다. 이제는 나를 수도 있다. 맘껏 하늘을 비상할 수 있다. 밝은 태양 아래서 상쾌한 대기를 마시며, 맛있는 수액 파티에 자신의 짝을 초대할 수 있다. 비록 보름 동안이라는 짧은 생애이지만 의미있게 살아가려고 한다.

매미는 해가 뜨는 시각부터 해가 지는 시각까지 햇빛이 있는 동안이면 수컷이 암컷을 찾아 요란하게 불러댄다. 듣는 사람에 따라 매미 소리가 다르게 들리는지 모르겠지만 "매미가 운다"고도 하고 "매미가 노래한다"고도 한다.

그러나 나에게는 매미들이 질규하듯 질러대는 소리가 "이런 세상도 있었구나", "오! 밝은 태양(O! Sole mio)"이라는 탄성으로 들리기도 하고, 7년의 지옥생활 끝에 얻은 단지 보름 동안의 자유생활이 너무나 짧은 것이 아쉽고 억울하여 목이 터지도록 "하나님! 너무 억울합니다. 단지 보름뿐입니까?"하고 악을 쓰는 소리로도 들린다.

땅거미가 짙어가는 여름날 초저녁에 여기저기 가로등이 한두 등 켜지고 나니, 때 잊은 매미가 짧게 울음인지 노래인지를 부르다가 싱겁게 멈춘다. 매미 눈에는 가로등 불빛이 햇빛으로 여겨졌던 모양이다.

어쨌든 IMF 사태로 모든 게 뜻대로 되는 게 없어 짜증이 나는 세태이니, 오늘의 매미 소리는 그냥 기분좋게 "오! 밝은 태양(O! Sole Mio)"이라고 부르는 노래 소리로 듣고만 싶은 심정이다.

유기농업의 희망

최근 앞서 언급한 페놀 사건을 비롯한 여러 가지 오염 사례로 일부 부유층들은 산간벽지를 찾아가 농작물의 계약재배를 서두르고 있다고 한다. 벽촌은 아무래도 환경이 깨끗하여 오염되지 않은 농작물이 생산되리라는 기대감 때문일 것이다.

북극과 남극마저도 오염되어 가고 있는데 우리의 벽촌이라고 깨끗할 수만은 없다. 오염이 심한 대도시 근교를 벗어났으니 그 정도가 덜할 것으로 여겨질 뿐이지 어디인들 오염이 미치지 않은 곳은 없다고 하겠다. 그런 까닭에 지구상에서는 이제 무공해라기보다 저공해(低公害)란 용어가 올바른 표현일 것이다.

그런 의미에서 저공해 먹거리를 생산하기 위하여 유기농업이란 영농방식을 도입하여 그 보급과 장점을 역설하는 단체가 점점 늘어가고 있다.

유기농업이란 쉽게 말하면 원시농업이다. 공업적으로 제조된 농약이나 비료 등은 전연 사용치 않고, 농업 부산물과 가축 분뇨와 천연의 광석 분말을 최대한 활용하는 영농방법이다. 그러므로 토양이 가진 잠재 능력에 따라 잡초와 병충해를 이겨 나가면서 우리가 요구하는 작물을 제때에 생산하도록 하는 재배방법이다.

미국인 로데일이 1945년에 『유기농업』이란 책을 저술하여 처음으

오리를 이용한 유기농업.

로 유기농업을 소개했다. 그 후 이 방법은 일본을 거쳐 우리 나라에 도입되어 이제 십여 년이 흘렀다.

일본의 토양학자 요코이(橫井) 교수에 의하면 유기농업은 자연순환의 법칙이 엄격히 지켜지는 농업방식으로서 단순히 무화학비료(無化學肥料)의 농업방식만은 아니라는 주장이다. 화학비료를 사용하면 생산량은 늘어날지 모르지만 그만큼 품질이 나빠질 수도 있다. 따라서 화학비료 대신에 유기물을 사용하여 자연의 섭리에 따라 지력(地力)을 생산력으로 바꾸도록 노력하여야 한다는 것이다.

이와 같은 방법으로 수확을 거듭하려면 토양에서 빼앗은 유기물을 작물과 더불어 사는 토양 생물에게 되돌려주는 것이 무엇보다 중요하다. 토양 생물은 이 유기물을 먹고 자라면서 그들의 배설물로 땅심[地力]을 높여 주기 때문에, 이 방법으로 재배한 작물은 건강하고 안전하며 맛이 좋고 영양가가 높다고 한다. 그러므로 이러한 방법으로 인간과 가축의 건강을 증진시킬 먹거리를 생산하는 것이 유기농업의 진정한 취지이다.

이런 뜻을 살리기 위해 일본의 후쿠오카(福岡) 씨는 이 방법을 온몸으로 실천했다. 자신의 논에 유기질비료나 화학비료는 물론이고 농약도 전연 사용치 않고, 더구나 경운(耕耘)이나 잡초 제거도 하지 않으면서 쌀과 보리의 이모작을 거뜬히 해 내었다. 진짜 자연농법의 진면목을 보여 주었다고 하겠다.

그는 자신의 경험을 그대로 옮긴 『자연농법, 짚 한 올의 혁명』이란 책을 썼다.

짚 한 올로 세계의 농업 상식을 완전히 둘러엎은 영농방법이다. 이론은 아주 간단하다. 벼를 수확한 논에 그 볏짚을 다시 뿌려 주는 것뿐이다. 그러면 잡초며 곤충이며 토양 속의 균들이 생물의 먹이사슬 순환을 반복하여 곡식을 자라고 여물게 한다는 것이다. 그러한 생산방식에 도달하기까지 그는 40여 년 간 수많은 시행착오를 거듭했으며, 반평생을 바쳐서 새로운 생산방식을 발견하였다.

이처럼 유기농법이나 자연농법에서는 퇴비의 사용을 강조한다. 퇴비에만 의존하면 첫 해에는 수확량의 절반이, 그 이듬해는 3할 이상이 감소하는 등 4, 5년까지 생산량이 절대적으로 감소한다. 그러나 5년이 넘어서면 지력이 증진되어 수확은 평년작을 회복하게 된다고 한다.

유기농업을 계속하면 화학비료에 찌들어 척박해진 토양에 유기물 함량이 증가한다. 따라서 토양 속에 수분의 저장이 많아지고 입단(粒團)이 증가하여 그 틈 사이로 공기 유통이 원활해진다. 유기물이 분해하면 필수 미량요소(微量要素)를 포함한 비료 성분이 공급되는 등 땅심[地力]이 증진되어 식물이 건전하게 자라기 때문에 병충해가 줄어든다.

유기농법과 근대농업으로 벼를 재배하여 그 결과를 비교해 보았다. 유기농법으로는 비록 생산량이 적었으나, 쌀의 품질이 우수하고 저공해 식품이기에 순이익금은 오히려 높았다. 뿐만 아니라 수확 후 토양의 모든 성질이 현저하게 개선되었다.

단지 퇴비 원료가 오염되지 않아야만 유기농법으로 생산된 농작물도 오염되지 않을 것이다. 그러나 유기농법을 고집하기에는 굶주림으로 죽어가는 인류 앞에 생산량의 감소라는 양심적 부담을 피할 수는 없을 것이다.

유기농업의 허와 실

유기농업은 화학비료나 합성농약 등을 사용하지 않고, 퇴비만을 사용하여 인력과 기계력으로 농작물을 가꾸는 재배법을 말한다. 이 방법은 매스컴이 잘 보도한 덕분에 아주 훌륭한 영농법인 양 일려저 있으나 그 문제점 또한 소홀히 간과할 수 없다.

지난 수천년 동안 무수한 사람들이 효율적인 농법 하나를 완성하기 위하여 얼마나 노력해 왔던가? 그 결실로 얻은 근대농법은 우리의 식량창고를 채워 주고, 인류의 생존을 지켜 주는 귀중한 재산이며 비법 즉 Know-how인 것이다.

농업의 가장 큰 목적은 무엇보다 양질의 먹거리를 많이 생산하는 데 있다. 부분적으로는 지구를 푸르게 하고, 광합성을 통하여 대기 중의 탄산가스 농도를 조절하여 온실효과에 의한 기온 상승을 억제하는 환경 보호의 기능 등 공익효과 또한 무시할 수 없다.

지금부터 약 200년 전만 하여도 농사는 유기농법에만 의존하였고, 그 방법으로는 단지 5억의 인구밖에 부양할 수가 없었다. 그러나 근대농법으로는 어쨌든 50억 이상을 부양해 나가고 있지 않은가. 세계 인구는 매년 1억 명씩이나 증가하고 있기에, 발달된 근대농법으로도 매년 수십만 명이 굶주림으로 죽어가고 있는 형편이다. 그런데 원시 농법인 유기농법으로 다시금 되돌린다면, 인류의 9할은 굶어 죽어야 될 터인데 그래도 괜찮다는 뜻인지…….

현재 지구상의 육지 면적 중에 약 1할 가량이 농경지로 이용되고 있다. 이 면적만으로 전 인류를 부양할 식량을 생산한다는 것은 근대 농법으로도 정말 어려운 형편이다. 그런데 유기농법으로 전 인류를 먹여 살리려면 농경지를 지금의 10배 이상 넓혀야 한다. 그러기 위해서는 산을 깎고 바다를 메우는 등 자연을 파괴하지 않으면 안 된다. 따라서 유기농법은 자연환경을 보호하는 재배법인 것처럼 보이지만, 실상은 지구를 파괴하는 농법이 되고 말 것이다.

미국에서는 1920년대까지가 유기농법의 시대였다. 그 때엔 손수 만든 기계나 우마(牛馬)를 농업에 이용하였으며, 농민 한 사람이 여덟 명을 부양할 수 있었다. 그 후 화학비료와 농약을 사용함으로써 1980년대에는 농민 1인이 38명을 부양하게 되었고, 이제는 60명 이상을 먹여 살리고 있다. 불과 70년 사이에 7.5배나 되는 생산량의 증가를 가져왔다.

우리 나라도 1950년대까지만 하더라도 호미로 김을 매어 잡초를 뽑아냈고, 머리나 지게로 이고 지고 하면서 운반하였다. 이제는 TV 속의 얘깃거리가 되고 말았지만 추수 후에 떨어진 낟알을 줍는 것은 부지런하고 알뜰한 사람의 본보기였다. 이처럼 먹고 사는 데 급급한

우마를 이용한 경운. 1950년대까지만 하더라도 호미로 김을 매어 잡초를 뽑아냈고, 머리나 지게로 이고 지고 하면서 운반하였다. 이제는 TV 속의 얘깃거리가 되고 말았지만 추수 후에 떨어진 낟알을 줍는 것은 부지런하고 알뜰한 사람의 본보기였다. 이처럼 먹고 사는 데 급급한 생존을 위한 농법이었던 유기농법은 괴로움 그 자체라는 인식도 없지 않았다. 이제 호미 잡고 엎드려 기다시피 하던 논밭에는 경운기가 움직이며, 이고 지던 농업은 자동차로 운반하는 농업이 되었다. 이것을 다시 육체노동에만 의존하는 유기농법으로 되돌린다면 밤낮 없이 뼈빠지게 땅을 갈고, 뜨거운 햇볕 아래에서 쉬지 않고 김을 매어도 그날이 그날일 터인데 누가 농촌을 지키려고 하겠는가?

생존을 위한 농법이었던 유기농법은 괴로움 그 자체라는 인식도 없지 않았다.

곡식 한알 한알에는 괴롭고 힘든 노동력이 피땀과 범벅이 되어 응어리져 뭉쳐 있다. 이제 호미 잡고 엎드려 기다시피 하던 논밭에는 경운기가 움직이며, 이고 지던 농업은 자동차로 운반하는 농업이 되었다.

이것을 다시 육체노동에만 의존하는 유기농법으로 되돌린다면 밤낮 없이 뼈빠지게 땅을 갈고, 뜨거운 햇볕 아래에서 쉬지 않고 김을 매어도 그날이 그날일 터인네 누가 농촌을 시키려고 하겠는가?

유기농법으로 생산한 농산물은 무공해 식품이므로 안전하다고들

여기고 있다. 그러나 근대농법의 농산물이 오히려 더 안전할 수 있다는 반론 역시 만만치 않다.

현재 우리가 재배하는 농작물은 인간이 필요로 하는 부분만을 기형적으로 발달시키고, 좁은 면적에 화학비료를 듬뿍 사용하여 빽빽하게 밀식(密植)하기 때문에 병충해에 대항하는 힘이 아주 약하다. 따라서 병충해가 많이 발생하기 때문에, 그 피해를 줄이기 위해 매년 농약의 사용량과 종류가 증가하게 되었다.

이로 인하여 병해충은 오히려 웬만한 농약에는 잘 견딜 만큼 농약에 대한 내성(耐性)이 강해졌다. 그러므로 이런 상태에서 유기농법으로 작물을 재배하면 병충해와 잡초의 피해를 극복하기가 무척 어려울 것이다.

또 농작물도 퇴비만으로는 영양분이 부족하여 품질이 떨어지고 수확량이 감소할 것이다. 수확량이 감소한 만큼 농산물의 가격을 올려야만 영농을 계속할 수 있으니, 유기 농산물이 일반 농작물보다 더 비싼 것은 당연하다.

이와 같이 유기농법으로 재배한 채소는 오히려 품질이 떨어질 수도 있고 가격이 비싼데도 불구하고, 단지 농약을 사용하지 않았기 때문에 그만큼 건강에는 좋을 것이라고 여기기도 한다.

그러나 유기농법의 채소에는 해충과 병균이 많이 살아서 붙어 있다. 그런데 식물체는 병해충의 피해를 줄이려고 자체의 방어물질을 생성한다. 또 이러한 곤충들은 자신의 천적을 퇴치하려고 유독물질을 분비하며, 한편 병균은 독성물질을 생성하여 식물을 괴롭힌다.

이러한 분비물들은 아직까지 독성의 유무와 그 정체가 확실히 밝혀지지 않은 것이 너무나 많이 있다. 그 독성을 충분히 알고 있는 농약의 피해는 피할 수가 있지만, 독의 종류도 모르는 것은 대처할 수 없기 때문에 더 위험할 수 있는 것이다. 그러므로 무농약으로 재배한 채소이면 무조건 안전하다고 믿을 수만도 없는 것이다.

6
농민에게 웃음을

소값 파동

우리의 조상님네들은 사농공상(士農工商)이라 하여, 손발에 흙이나 기름때를 묻히는 기술자를 천시하고 오로지 글만 읽는 선비를 숭상해 왔다. 그러나 특수한 기술이나 기능을 지닌 자들 중에 자기의 비법을 맏아들이나 가장 아끼는 수제자에게만 전수할 만큼 기술을 소중하게 여기는 부류가 결코 없었던 것은 아니다. 그렇기에 우리 선조들이 측우기, 제지기술(製紙技術), 금속활자와 같은 세계 최초의 우수한 발명품과 기술을 내놓을 수가 있었다.

그러나 요즘에 와서는 조그마한 비법 하나도 남모르게 숨겨 둘 수 없게 되었다. 엊저녁에 얻은 새로운 지식이 내일 아침이면 벌써 옛

1970년대 새마을운동이 한창일 때 가축 키우기, 고소득 경제작물 재배 지도 등을 통해 이 운동에 적극 동참했었는데, 소값 파동이 일어나 농민들의 원성에 할 말을 잃고 허탈했던 적이 있다.

것이 될 만큼 많은 사람들이 다방면에서 불철주야로 연구를 계속하고 있다. 그래서 신기술은 분초를 다투며 쌓이고 있다. 그러므로 새로운 연구의 결과가 묵은 상식이 되기 전에 곧 실생활이나 산업화에 반영되도록 하는 노력은 바람직한 일이기도 하다.

바로 이런 취지에서 1970년도 후반 새마을운동이 전국으로 퍼져 나갈 때, 대학의 교수들도 연구와 강의에 쫓겨 가면서 자신들의 전문지식과 기술을 묵묵히 농촌에 쏟아 넣었다. 군사정권의 평가와는 별도로 새마을운동이 평가되어야 하는 이유도 여기에 있다. 새마을운동은 나중에는 공장으로 확대되었으나, 처음엔 농촌에서 시작되었다.

새마을운동은 마을 단위로 스스로 잘 사는 마을을 만들어 보자는 운동이었기에 마을 주민의 자발적인 희생이 따르지 않으면 성공할 수 없는 운동이었다. 그런데 주민들의 자발적인 참여인 노동력의 제공까지는 끌어낼 수 있었지만 기술적인 애로는 스스로 해결할 수가 없는 것이 적지 않았다. 농민들에게 꼭 필요하고 긴요한 기술과 조언을 현지까지 직접 가서 가르치고 지도하는 봉사를 교수들이 했었다.

마을회관과 공동창고를 비롯한 마을 입구의 교량과 공동 퇴비사(堆肥舍)의 건립을 위한 설계와 시공 및 관리, 양수기와 간이 상수도의 설치와 같은 공학적 기술 등은 물론 가축 키우기와 고소득 경제작물의 재배 지도에 이르기까지, 여러 분야에 걸쳐 각각 전문 교수님들이 현지까지 가서 직접 가르치고 지도했다.

정부에선 왕복 차비만 달랑 지급할 뿐 한 푼의 수당도 없었다. 그래도 많은 교수님들이 이 운동에 동조하여 기꺼이 동참해 주었다. 강의를 마친 오후나 수업이 없는 날에 산간 벽지마을까지 비포장도로를 달려 현장 지도를 마치고 돌아올 때면 육신은 지칠 대로 지쳐 있었다. 그러나 비록 지친 몸을 가누기 힘들어도 마음만은 농민들의 만족해하는 웃는 얼굴 만큼이나 밝고 풍성했다.

1차 소 파동이 일어난 직후의 일이다. 비가 금방이라도 쏟아질 듯이 잔뜩 찌푸린 날씨였으나, 기술 결연을 맺은 마을이라 정기적인 방문 지도를 하려고 학교를 출발하였다.

마을 입구에 거의 다달았을 무렵, 요란한 천둥 소리와 함께 소나기가 내리기 시작했다. 차창 밖에는 열 걸음도 안 되는 가까운 논두렁과 밭이랑 사이에 마른 벼락이 번쩍이며 여기 저기 떨어지고 있었다. 학교에서 집으로 돌아가던 초등학교 학생 두 명이 책보따리를 허리에 동여맨 채 돌담에 착 달라붙어서서 겁먹은 얼굴로 벼락을 피하며 우리 일행을 쳐다보았다.

마을회관에 들렀더니, 언제나 반갑게 맞아주던 동민들의 표정이 그 날의 날씨 만큼이나 잔뜩 구름이 끼여 있었다. 술 취한 사람도 눈에 띄었다. 종전에는 없었던 일이었다. 부지런하고 상냥하던 새마을 지도자가 난처해하는 태도로 보아 무언가 조짐이 이상했다.

고소득 작물이라고 재배를 권장했던 마늘과 양파는 종자 값도 건지지 못할 만큼 값이 폭락했다. "교수님들이 애써 가르쳐 준 방법대로 소를 몇 달씩 키워 놓고 보니 소값이 떨어져서 사료 값을 건지는 것은 고사하고 사 올 때의 소값보다 오히려 10여만 원씩 손해를 봐야만 했다"는 이야기였다.

교수들이 가르친 기술에 잘못이 있었던 것은 결코 아니었다. 요지는 '교수님들이 가르친 대로 했더니 파랑새의 꿈이 실현되는 게 아니라 손해가 커져 폐가할 형편이 되었다'는 것이다. 핏대를 세우고 발을 구르며 흥분하는 농민들의 원성엔 우리 일행은 할 말을 잃고 말았다.

잘 살아 보겠다고 애써 가며 힘겹게 걸어온 길이 빚더미로 향하는 길밖에 되지 못한 허탈감이 몇 마디 위로의 말로 진정될 수 있을까? 흙 속에 길이 있고, 그러기에 흙처럼 정직하게 살라 한 교수들의 말을 그대로 좇아 따랐건만 결과는 빚더미만 커지고 말았다나.

농민들과 나눈 대화에서 받은 충격 탓인지 돌아오는 차 속에서 "이처럼 뒤가 캥기는 시골길이 될 줄이야, 비 탓만도 아닐 거야–" 하시던 선배 교수님의 말씀이 자꾸만 맘에 걸렸다. 이러한 농정을 다시는 되풀이하지 않는 나라에서 살고 싶었다. 노력한 만큼 정당한 반대급부가 주어지는 앞날이 확실히 보이는 그런 나라에서 말이다.

푸른 대구

다른 고장에서 살아온 사람이 대구를 찾아오면 제일 먼저 대구의 무뚝뚝한 사투리와 기후에 질리고 만다고 한다.

최근에는 우리 나라 곳곳에 기상대가 세워지고 최신 기계로 매일 매순간 일어나는 온도의 변화를 측정하고 있는 탓으로, 그 날의 최고나 최저 온도가 대구 이외의 지역이 될 때가 매우 많지만, 기상대가 적었던 시절에는 대구가 여름에는 가장 덥고, 또 겨울에는 가장 추운 곳으로 잘못 알려져 있었다.

대구는 분지의 특성 때문인지 여름엔 견디기 힘들 만큼 더운 반면에 겨울은 매서운 혹한이 찾아드는 곳이기는 하다. 화창하고 나른한 봄날씨를 즐길 겨를도 없이 꽃샘 바람을 타고 대구의 봄은 훌쩍 지나가 버린다. 봄이 너무나 짧은 고장이다. 계절의 여왕이라는 오월로 접어 들면서 하루가 다르게 기온이 치솟기 시작하여 서서히 여름의 문이 열리기 시작한다.

기후가 사람들의 성격 형성에도 크게 영향을 주는 것 같다. 모진 추위 속에서 살다 보면 음울하고 음흉한 성격이 형성되어 '스탈린' 같은 인물이 나타나고, 열대의 뜨거운 지방에서는 '아민'이나 삼국지의 '맹획(猛獲)' 같은 거친 성질을 갖는 인간의 출현을 볼 수 있었다. 반면에 한서(寒暑)의 차이가 작은 온화한 기후의 지역에서는 온순하고 명랑한 씨족이 자리를 잡고 번창하였다.

대구가 왜 이렇듯 무더운 고장이란 악명을 얻게 되었는가? 그 원인을 알아보기 위하여 대구 시내 곳곳에다 온도계를 설치하고 여름 한철의 온도를 조사해 보았다.

단독주택이 많은 변두리 지역의 온도가 빌딩이 많은 도심지보다 3℃ 이상이나 낮았다. 또 도심지 도로변의 경우, 가로수의 바로 밑과 가로수의 그늘이 미치지 않는 인접 부근의 온도에 무려 10℃ 이상의 차이가 났다. 한편 가로수 그늘 속의 온도는 심하게 변화하지 않았으나, 보도와 '아스팔트' 위의 일중(日中) 온도 변화는 아주 컸다.

하루의 일교차가 섭씨 10℃ 이상이면 인체에 생리적 이상을 일으키기 쉬워지므로 발병의 가능성이 짙어진다고 한다. 그런데 대구 시민은 매년 여름을 다른 고장의 사람들과 달리 모질고 끈기 있게 더위와 싸워가며 살아 왔다고 할 수 있다.

그래서 그런지 대구 시민들을 자세히 관찰해 보면, 인내심이 매우 강하며 작은 일에 쉽사리 동요되지 않고 무뚝뚝한 편이다. 그러나 한번 터졌다 하면 홍수처럼 화를 쏟아내기 때문에 상대가 수습할 겨를을 주지 않는다.

6·25 한국전쟁 당시, 용감하게 싸우다 산화(散華)한 경상도 출신 국군 아저씨의 용맹성을 기념하기 위해 강원도 어느 골짜기에 세워진 전승비에 "경상도 아저씨 감사합니다"라고 새겨진 비문은 이러한 대구 사람의 타고난 성격의 일면을 가장 적절하게 나타낸 것이리라.

세계의 주요 도시들을 살펴보면 한결같이 녹음 속에 도시가 묻혀 있는 인상을 준다. 그러나 인구 200만이 넘는 도시인 대구 시내를 상공에서 내려다 보면 과연 어떤 모습일까?

동전만한 달성공원과 두류공원을 제외하고 푸른 곳이리고는 거의 눈에 들어오지 않는다. 이렇듯 삭막한 곳에서 정서와 낭만을 기대한다는 것은 무리일 것이다. 교육의 도시라고 자랑하는 대구가 사막처럼 황량해서야 말이 되지 않는다. 그리고 이러한 환경을 예의 무뚝뚝한 성격과 인내심으로 계속 버텨 나가기만 기대할 수는 없을 것이다.

도시에 푸른 부분이 있다는 것은 거기에 식물이 자라고 있기 때문이며, 이 곳의 토양은 아직 살아서 제구실을 하고 있다는 증거이다. 토양이 병들지 않고 건강하게 살아 있는 한, 우리는 푸른 대구를 만들어 나갈 희망을 가져도 될 것이다. 대구의 토양에 알맞는 나무를 많이 심어 간다면 멀지 않은 장래에 푸른 숲에 싸인 대구를 볼 수 있을 것이다.

새로운 '밀레니엄'인 2000년을 맞아 우리 대구를 진정 살기 좋은 고장으로 만들어 나가려면, 이 곳의 기후와 토양에 순화하여 잘 자랄 수 있는 나무를 선택하여 심어야 할 것이다. 대구의 외곽 도로변엔 대구를 상징하는 사과나무 거리를 조성하여 사과 축제가 열리는 거리로 꾸미고, 아카시 나무 길과 가죽나무 길도 쉽게 만들 수 있을 것이리라. 벗나무 길이 있으면 은행나무 길도 만들어 특징 있는 도로를 만들어 봄직도 하다.

그렇게 되면 동네 이름 대신 특징 있는 가로수 이름이 있는 길이 찾기에도 편하게 될 것이다. 집집마다 빈 터에는 의무적으로 나무를 심게 하고, 새로 짓는 건축물엔 일정 면적 이상 반드시 나무를 심도록 규제하며, 생일이나 결혼 기념일 등엔 기념식수할 공간도 만들어 평소에 나무를 사랑하는 마음을 갖도록 유도해야 한다.

나무가 우거지면 대구의 여름기온도 그만큼 뚝 떨어질 것이고, 푸르름에 눈이 익은 아이들의 심성 또한 부드러워질 것이다. 삭막한 대구에 많은 나무를 심고 가꾸어서, 그런 곳에서 뛰놀며 자란 우리의 자손들이 온순, 명랑한 성격이 되게끔 푸른 대구를 만들어 나가야 하겠다.

손바닥만한 빈 땅만 있으면 귀찮다는 이유를 내세워 아스팔트나 시멘트를 쳐발라 토양의 숨통을 조여 질식시키고 있다. 조금 더 긴 안목으로 그 흙을 살려 파란 싹이 돋아나도록 가꾸어 볼 수는 없는건지-. 아파트의 옥상은 물론 주차장의 짜투리 빈터를 경작지로까지야 만들지 못한다 해도 아주까리나 봉숭아 씨라도 뿌릴 수 있는 여유를 가진다면 대구가 더 빨리 푸르르게 될 것이다.

살아 있는 흙은 그 생명력만큼을 우리에게 보상해 주고 있다. 흙 속에서 싹이 트고 꽃이 피면 아이들의 얼굴에선 미소가 피어나고, 연만하신 분들도 외로움이 한결 가실 것이다. 모든 게 섭리에 따라 운행되면, 무리를 일으키지 않는다는 것을 흙은 우리에게 갖은 손짓으로 일깨워주고 있다.

푸른 대구를 하루 속히 만들어, 더위 때문에 살기 어려운 고장이란 불명예를 씻어 버리도록 하자. 그 길은 바로 흙을 사랑하고 가꾸는 마음에서부터 비롯한다. 흙 사랑의 정신이 시민 모두의 가슴에 깊이 뿌리 내릴 때, 대구가 진정 살기좋은 고장으로 거듭 태어날 것이다.

옥상의 농장

젊어서는 내집 마련이라는 꿈에 홀려 귀찮은 것도 참아가며 여기저기 이사도 많이 다녔다. 첫 아파트 생활을 할 때의 일이다. 그 때는 한 달에 한 번씩 빠짐없이 반상회를 하였다. 집집마다 돌아가면서 그 집에서 반상회를 주관히도록 되어 있었디.

어느 날 하루는 공교롭게도 우리집에는 나 이외에는 반상회에 참석할 사람이 아무도 없었다. 한 번쯤이야 결석해도 괜찮을 것이라고 혼자서 중얼거리면서도, 공무원은 반상회에 꼭 참석하라던 당시 군사정권의 추상같은 공문이 맘에 캥기어 그냥 빠질 수도 없는 일이었다.

저녁 8시가 되어도 상황엔 변동이 없는데 아파트 관리실의 확성기는 평소보다 몇 배나 큰 소리로 반상회에 빨리 나오라고 재촉이 이만저만이 아니었다.

내키지 않았지만 떠밀리는 심정으로 반상회가 열리는 집으로 발걸음을 옮겼다. 반쯤 열린 현관문을 밀고 들어서는 순간 "아차, 잘못 왔구나" 하는 생각이 뇌리를 강하게 내리쳤다.

응접실에 만원을 이룬 선착객들은 전부 여자들뿐이었다. 나의 출현에 먼저 와 있던 분들도 약간은 놀라는 기색들이었다. 집주인 아주머니의 인사에 현관마루에 들어서기는 했으나, 눈을 어디에 보내야 좋을지 몰라 망설이고 있는데, 반장이 자기 옆 자리를 내주며 앉기를 권해 어색한 입장이 다소 가라앉았다.

반장이 몇 가지 전달 사항을 설명하고 동내(棟內)의 자질구레한 일에 대한 상의도 거의 끝나갈 무렵이었다. "어휴" 하고 숙제를 다 마친 기분이 되려는데 "오늘은 박사 교수님이 청일점으로 참석했으니, 주민을 위해 좋은 말씀을 한 마디 해 주십시요"라고 요청해 왔다. 갑작스런 제안에 약간 어리둥절하긴 했으나, 평소에 꼭 하고 싶던 말이 생각나서 크게 주저하지 않고 이야기를 시작했다.

아파트 옥상이나 백화점의 맨 꼭대기 층에서 내려다보면 대구 시내의 옥상 풍경은 정말 고물상을 흩어 놓은 것처럼 을씨년스럽고 지저분하다. 지상에서는 눈에 보이지 않지만 위에서 내려다보면 그만큼 지저분하고 엉망진창인 모습은 다른 곳에서는 찾아볼 수가 없을 것이다. 마치 거대한 회오리 바람이 지나간 쓰레기장을 방불케 한다. 이런 곳을 깨끗하고 아름답게 가꿀 수는 없을까? 라는 등의 나의 설명이 이어지자 대부분의 주부들은 나의 말에 동조하는 눈치였다. 내친 김에 결론까지 내려야겠다고 생각하고 해결 방법을 간단히 외국의 사례를 들어가며 설명했다.

우리 아파트 옥상에 화분을 옮겨 놓고 거기에 고추나 상추 등을 심으면, 거뜬히 작은 농장 하나씩을 장만할 수도 있고, 생물을 키우는 즐거움과 더불어 자녀들의 생물학 실습장도 마련하게 될 것이라고 부연하였다.

어떤 흙이면 되느냐는 질문이 이어서 나왔다. 속으로 "이젠 걸려들었군" 하고 흙 만드는 방법을 일러 주었다. 앞 동에 있는 작은 평수의 아파트에서 버리는 연탄재와 집집마다 처치 곤란한 김치 쓰레기를 아파트 주위의 나뭇잎을 흙과 함께 섞어서 두면 이것이 좋은 흙이될 것이라고 간단히 설명했다.

일주일쯤 지나자 아파트 분위기가 달라졌다. 아파트 출입구 부근에 널려 있던 보기 흉한 흙 묻은 화분이며 깨어진 붉은색 비닐 '양동이'가 모두 사라졌다. 앞 동의 건물과 그 사이에 버려져 있던 보기 흉한 연탄재도 말끔히 치워졌고, 이리 저리 딩굴며 흩날리던 낙엽은 깨끗이 청소되었다.

이 모든 흉물들이 아파트 옥상에서 새로운 생명을 창조하기 위해 화분 속의 토양으로 자리를 바꾸었다. 그리고 한 달이 지나고, 또 보름이 지났다. 저녁 무렵 체조도 할겸 멀리 녹음이나 바라보려고 무심코 옥상엘 올라갔다.

"이럴 수가?"

감탄사가 저절로 튀어나왔다. 어기 저기 쓰레기와 녹슨 빈 깡통만이 뒹굴던 옥상엔 삼삼오오 가지런히 놓인 화분과 '양동이'에 잘 자란 고추며 상추가 싱싱하게 널려 있었다.

"그래. 바로 이거야!"

도시 건물의 옥상을 쓰레기 하치장으로 만들 것이 아니라, 조금만 신경을 쓴다면 아름다운 녹지 공간으로 충분히 만들 수 있는 것이다.

녹지를 만들면 햇볕에 달구어진 아파트 옥상의 열기도 식혀 주고, 식물이 산소를 내놓으니 건강에도 좋다. 더욱이 하늘에서 내려다본 대구가 얼마나 아름다울까 등등의 생각들이 두서 없이 꼬리를 물고

이어져 나왔다. 모든 아파트와 빌딩의 옥상을 이렇게 만들면 대구의 여름도 그렇게 모질도록 덥지만은 않을 것이다.

하루는 일찍 퇴근을 하고 한가로이 오후의 시간을 즐기고 있는데 현관 밖의 계단에서 웅성거리는 인기척이 났다. 이 해질녘에 손님이 오시려나 하고 옷깃을 바로 여미려고 하는데,

"철이 엄마 어딜가?"

"반찬거리 장만하러 우리 농장에 가요."

"호호, 나도 풋고추나 몇 개 따올까? 같이 가요."

36호 아줌마의 목소리에 윤기가 돈다.

도시에 있는 아파트의 옥상처럼 지저분하고 황폐한 공간이 비록 버리기조차 귀찮은 연탄재와 푸성귀 찌꺼기로 만든 것일지라도 토양의 손이 닿기만 하면 파란 싹들이 솟아나는 생명이 충만한 작은 우주로 탈바꿈하지 않는가? 그리고 그로 인해 한순간이나마 웃을 수 있는 작은 행복감마저 느낄 수 있도록 되는 것을…….

옥상의 농장을 많이 만들고 또 넓혀 나가기 위해서는 토양전문가들의 협력이 또 한 번 필요하다. 하루 속히 가볍고 그러면서도 식물이 잘 자랄 수 있는 좋은 흙을 손쉽게 만드는 방법을 연구 개발해야 하는 것이다.

옥상 농장주들의 인사가 공손해질수록 마음이 더 바빠진다.

참된 농민

농사란 자연이 공짜로 제공하는 햇볕과 물과 토양을 이용하여 우리의 생명과 건강을 유지하고 증진시켜 주는 농작물을 만들어내는

숭고한 노동이며, 인간이 자연 조건과 타협하여 먹거리를 생산하는 생업이 바로 농업인 것이다.

그러므로 농업은 바로 인간 삶의 기본이며 생명 유지를 위한 필수 산업이다. 그런데 이 지구촌의 주인은 인간만이 아니다. 모든 생명을 가진 생물체 공동의 것이다. 그러므로 인류가 농업을 영원히 지속해 나가기를 원한다면, 다른 생물의 생존을 보장하는 범위 안에서 자연 환경을 최대한 선용(善用)하여야 한다. 그리고 후손들에게도 고스란히 삶의 터전을 물려주어야 한다.

이러한 취지로 농업에서도 자연의 섭리를 따르자는 한국자연농업협회의 조한규(趙漢圭) 회장의 주장은 생산목표만을 앞세우는 농업 기능인(?)들에게 신선한 충격을 주고 있다.

자연은 욕망의 한계를 알고 있으며, 스스로 건강을 유지하기 위해 절제와 질서를 부여한다. 이것이 자연의 섭리이다. 자연의 운행은 인간의 지식으로 바꿀 수 있는 그런 대상이 아니다. 그러므로 자연은 그대로 자연에게 맡겨 운행하는 것이 가장 현명하다.

모든 생명체가 자기 역할에 충실한 가운데 남을 인정하고 존중하며, 사타일체(自他一體)의 조화 속에서 생명의 기반을 다지는 것이 자연의 섭리이며 또한 자연의 길인 것이다.

그러한 섭리에 따라 땅을 갈고 가축을 기르는 것이야말로 이 땅에서 농업을 영원토록 지속할 수 있는 참된 농업이라고 할 수 있다.

깊은 산에 우거진 삼림과 늪지에 자라난 갈대숲은 인간의 지식으로 만들어진 것이 아니며, 모든 것을 해결해 낼 수 있다는 현대과학으로 만들어 낸 것은 더더욱 아니다. 인간의 지식으로 간섭하지 않은 토양은 세월이 거듭될수록 더욱 깊게 비옥해지며, 기계로 깊숙하게 경운하지 않아도 뿌리는 땅 속 깊이까지 뻗어나갈 수 있다. 이것이 바로 생명체가 그 지역이나 환경에 적응하여 생명을 유지하는 자연의 섭리인 것이다.

생산목표만을 앞세우는 근대농업의 장점도 우리는 잘 알고 있지만, 친애의 정으로 자연과 더불어 살아가려는 농심(農心)과 자연과의 조화를 기본으로 하는 자연농업 또한 깊이 음미해 봐야 할 시점이다.

우리는 과거를 기반으로 하여 미래를 향해 살아가고 있다. 과거의 누적된 경험이 우리 지식의 전부인 것처럼 착각해서는 안 된다. 농사 또한 마찬가지 이치이다.

한 개인이 일생 동안 경험할 수 있는 농사 횟수는 기껏해야 50회를 넘지 못한다. 그 경험도 똑같은 환경 조건에서 얻어진 것이 아니라, 시시각각으로 변하는 환경에서 언제나 새로운 경험을 한 것뿐이다. 그러니까 두 번 이상 동일한 조건에서 얻어진 결과는 거의 없다고 할 수 있다.

그러므로 경험만 믿고 매년 그대로 반복하는 농사는 아주 위험한 행위라고 할 수도 있다. 변화하는 환경 조건에 맞추어 늘 새로운 자세로 자연의 흐름을 따라야 한다.

그러기에 농업은 시작 만큼이나 결과 역시 중요하다. 이에 못지않게 농사는 그 과정도 중요하다. 참된 농민은 농사짓는 과정을 즐기고, 자연을 사랑하는 데서 기쁨을 느낄 수 있어야 한다.

농약과 화학비료를 얼마를 쓰든 좁은 땅에서 많은 수확을 올려 수익성만 높이면 훌륭한 농군인 양 하는 것이 오늘날의 세태이다. 그러나 부모가 자식을 사랑하듯이 땀방울로 토양을 가꾸어 농작물이 건강하게 자라는 것을 지켜보고 거기서 기쁨을 느끼며, 내가 생산한 먹거리가 우리 국민의 살과 피가 된다는 긍지를 갖는 농민이라야 참 농민이라고 할 수 있을 것이다.

문화농촌

‘우루과이’ 협정의 타결이 임박했을 그 무렵, 우리 국민 모두의 감정은 극도의 흥분 상태에 달해 있었다. 이러한 감정은 정치에 대한 불신으로 이어졌고, 일순간에 폭발할 것만 같은 분위기였다. 이와 같은 격렬한 감정을 진정시키기 위하여 정부는 제2의 개각을 단행하고 경제정책의 쇄신을 명분으로 내세웠다.

개각의 내용에 대한 시비보다는 국민들은 개각의 명분에 매달리고 싶어하는 눈치였다. 어차피 터져 버린 사태이기에 조금이나마 위로가 섞인 발전 가능성을 내비치는 명분에나마 의지하고 싶었다. 더욱이 농민들의 심정은 더더욱 그랬었다.

신임 경제 부총리는 농어촌의 자생력을 키워 나가기 위해 간접자본을 집중적으로 투자할 것을 약속하였다. 그리고 자신은 농수산부 차관이 되었다는 마음가짐으로 농정에 온 힘을 기울이겠다고 굳은 의지를 표명하였다. 농민들은 일단 이에 기대해 봐야 하겠다는 생각이 들었다.

그러나 우리 모두가 ㅗ 시점에서 꼭 명심하고 짚고 넘어가야 힐 것이 있었다. 그것은 농촌에서 일할 역군은 바로 농민이라는 점과 농민에 대한 도시인이 지니고 있던 태도를 수정해야 한다는 점이다.

이제까지 도시인들은 특별한 이유도 없으면서 그냥 농민을 무시하는 경향이었다. 어쩌다 농민들이 맥주라도 마시게 되면 촌사람들이 겁도 없이 맥주만 마신다느니, 농촌에서 참(식사와 식사 사이에 먹는 일종의 간식)으로 짜장면을 시켜 먹고, 다방에서 커피를 주문하여 마시게 되어도 조용하게 그냥 인정해 주지 않았다. “촌사람들이 언제부터 저렇게 호화스럽게 되었느냐?”라든가, “커피는 무슨 커피, 개 발에 편

자다"라는 등 스스럼없이 경멸과 모멸에 찬 발언을 하지 않았던가?

그뿐인가, 모 일간지에 실린 기사는 더욱 기가 막히는 내용이었다. 농촌 청년이 도시의 '디스코텍'에 들어갔다가 크게 봉변을 당했다. 촌 놈이라는 이유였다. 너무나 화가 난 그 청년은 그 '디스코텍'에 불을 질렀다. 이로 인해 많은 사람이 다치고 또 죽었다.

사실 농촌 청년이 '디스코텍' 같은 유흥장에라도 들리기라도 하면 모두가 뽀얀 눈으로 곱지 않게 쳐다보며, 주제 파악을 제대로 하지 못했다고 비아냥거리기 일쑤였다. 지나친 향락은 젊은이들을 그르치게 할 수도 있다는 교육적인 관점과는 전연 다른 차원의 비난인 것이다.

도시 청년이 '디스코텍'에 출입하거나 다방에서 노닥거리는 것은 '젊은이들의 문화'로까지 승화시키지 않았던가? 그러면서도 농촌의 청년들은 단지 농부라는 이유만으로 '청년문화'에서 제외되는 푸대접을 그대로 수용하기를 요구한다. 그리고 그들은 오로지 성실하고 근면하게 땅만 파면서 땀만 흘리라는 것이다.

'디스코텍'에 놀러 간 농촌 청년을 타이르는 말 자체는 일리가 있고 그럴 듯하게 들릴지 모르지만, 그것은 분명 지독한 편견이며 차별대우이다. 이러한 눈에 보이지 않는 뚜렷한 차별 때문에 농촌 청년들은 견딜 수 없어 한사코 농촌을 떠나려고 했고, 처녀들은 더 이상 농부의 아내 되기를 거부했다.

새로운 내각의 모든 각료들이 한결같이 경제회복과 농촌부흥을 최우선 정책으로 밀고 나가겠다고 하니 일단 마음이 든든하다.

농촌을 진정 사랑하고 부흥시킬 생각이라면 무엇보다 농촌에도 문화의 혜택을 누리도록 주선해야 할 것이다. 농민에게도 도시인과 똑같은 문화적 시설을 하여, 그 혜택을 골고루 나누어 갖자는 논리는 결코 아니다.

비록 동일한 수준까지는 되지 못하더라도, 농민들이 여가를 즐길 수 있는 제반 여건만은 마련할 수 있도록 정책적으로 배려해 주어야 한다. 그렇게 함으로써 농촌의 청년이 도심으로 진출하여, 퇴폐한 도시 환경에 더 이상 물들지 않아야 농촌이 공동화(空洞化)하지 않을 것이다.

또한 공항의 국내외선 대기실에서 농민들이 무리를 지어 여행하는 광경이 눈에 설지 않아야, 그러할 때 비로소 농업정책은 진정 성공할 수 있을 것이다.

농촌에 '골프' 연습장이 들어서고, 황토방 '사우나' 시설이 생맥주집 옆에 나란히 자리하며 노란 유치원 통근 봉고차가 아침 길을 달릴 그때엔, 농촌에서도 어린애의 울음소리가 들릴 것이고, 들판에는 기름진 옥토가 풍요로운 추수를 다짐할 것이다.

농업이냐 공업이냐

농과대학의 낙농학과를 동물자원공학과로 학과 명칭을 바꾸려고 할 때의 일이다. 안건이 상정되자 공학계 교수가 반대하였다. 왜 농과대학에서 공학이라는 명칭을 그렇게도 쓰려고 하는지 이해할 수 없다는 것이 반대의 요지였다.

또한 농학은 농학의 영역 속에서 농학의 사명을 좇아야 하지, 공학의 범주를 침범해서는 옳지 않다고 덧붙였다. 논리가 서는 것 같기도 하고 어딘가 설명이 부족한 것 같기도 하였다. 과연 농학과 공학의 독특한 영역이 존재하는지?

사실 현실적으로 보면 공학과 농학을 두부 모 자르듯이 확연하게 구분할 수 없는 경우가 너무 많다. 대부분의 사람들은 농업이란 땅을 갈아 씨앗을 뿌리고 비료를 주고 농약으로 병충해를 방제하여, 가을에 거두어들이는 단순히 노동집약의 일차산업으로만 여긴다.

그런데 요즈음엔 콩나물 공장, 상추 공장처럼 채소를 자동화된 시설 속에서 재배하여 생산하고 있다. 강렬한 뙤약볕 아래에서 얼굴이 새까맣게 그을리도록 구슬땀을 흘리면서 김 매는 일도 없고, 호미나 가래로 땅을 헤집는 작업도 없다. 손에 흙 한 번 묻히는 일 없어도 상추며, 오이며, 난초 등이 때맞추어 잘도 생산되어 나온다.

모든 식물이 토양에서 자라기 때문에 완전 자동화된 시설에서도 재배하는 식물을 위해 토양은 필요하기 마련이다. 그러나 이러한 식물공장에서는 들판에 흔히 있는 토양을 쓰지 않고, 인공으로 각각의 작물에 가장 적합한 토양을 만들어서 사용한다.

이러한 토양을 인공으로 제조한 토양이라고 한다. 난초 재배를 하려면 난초 생육에 가장 알맞은 토양을 여러 가지 재료를 혼합하여 조제한다. 상추며 고추 모종을 키우는 상토(床土)는 물론 기계 이앙할 벼의 모판용 상토까지 인공적으로 만들어 쓴다.

토양이란 암석이 부서진 파편에 유기물이 섞여 있는 자연체로 생명이 존재하는 물질이라고 정의했다. 또 토양이 달라지면 거기에 생육하는 식물상(植物相)이 달라지고, 이로 인하여 동물상(動物相)이 결정된다고 하였다. 토양은 자연계에서 저절로 형성되어 무제한으로 공급되는 공짜의 물질로만 여겼왔던 것이다.

공대 교수가 알고 있었던 농업에 대한 편견을 나무랄 수는 없는 것이다. 학문의 분화가 분초를 다투며 진행되고 있는데, 언제 타학문의 진도까지 따라갈 수 있었겠는가?

요즈음엔 콩나물 공장, 상추 공장처럼 채소를 자동화된 시설 속에서 재배하여 생산하고 있다. 강렬한 뙤약볕 아래에서 얼굴이 새까맣게 그을리도록 구슬땀을 흘리면서 김 매는 일도 없고, 호미나 가래로 땅을 헤집는 작업도 없다. 손에 흙 한 번 묻히는 일 없어도 상추며, 오이며, 난초 등이 때맞추어 잘도 생산되어 나온다.

공대 교수가 합성한 물질로 배추 재배 실험을 하면 공학이고, 농대 교수가 똑같은 물질을 합성하면 농학으로 규정한다면 문제는 간단하다. 학문의 성질이나 진행 과정을 참고로 한다면 농·공을 구분짓는 일은 지극히 어려운 것만은 틀림없다.

컴퓨터로 제어하는 자동화 시설에서 농산물을 생산하는 농산물 공장의 경우를 보면 농·공학의 구분은 더더욱 어려워진다. 기계 손이 화분에다 인조 토양을 일정량 만큼 넣은 다음, 파종과 시비를 하면 살수기(撒水機)가 관수(灌水)한다. 온도와 습도 역시 자동으로 조절되며, 컨베이어가 움직이면 조금씩 자리를 옮겨 가며 빛을 고루고루 조사(照射)한다. 작물의 생육 기간 만큼 시일이 경과하면 알맞게 자란 농산물이 되어 출하할 수 있게 된다.

소위 농업인이 직접 손에 흙 한 번 묻히지 않고 농작물을 거뜬히 생산해 낼 수 있지 않은가? 더욱이 재배하여 생산된 농산물은 공장의 기계로 만들어 낸 것처럼 그 크기와 모양이 균일하다. 이를 농업의 부류에 넣을 것인가, 아니면 농산물 생산공장이니 공업으로 분류할 것인가?

이와 같이 완전 자동화된 시설을 활용하면 농업에서 제일 중요하게 여겼던 계절 감각이 없어진다. 씨앗 뿌리는 시기인 봄이라든가, 수확의 계절인 가을과 같이 일정한 때가 따로 없이 언제나 파종할 수 있고 또 수확할 수 있다. 또 장마철이니 갈수기니 따지지 않고, 이상고온이니 저온과도 관계 없이 어떤 기후에서나 농사가 가능하므로 전천후 농업을 할 수 있다.

그뿐만 아니라 어떤 작물이건 소비자가 요구하는 때에 맞추어 희망하는 크기의 농산물을 생산해 낼 수도 있는 것이다.

오이는 길죽하고 둥글지만 사각의 통에 끼워서 키우면 네모난 오이가 생산되고, 둥근 수박도 네모난 통 속에서 키우면 각설탕처럼 정육면체의 수박으로 자란다. 죽순이 솟아나올 때 오각형의 틀을 통과하도록 하면 둥근 대나무 대신에 오각의 대나무로 자란다. 이것을 적당한 크기로 절단하면 좋은 그릇이 될 수 있을 것이다.

이와 같이 최첨단 과학기술을 적절히 활용하는 농업을 보면 어느 선까지가 농업이고, 어디부터가 공업이라고 해야 할지 막연해진다. 무턱대고 땅이나 파서 아무 종자나 뿌린 다음 수확이나 기다리던 원시농사로는 무한경쟁시대에 살아남을 수가 없다.

그런데도 아직 이것은 농업 영역이고, 저것은 공업의 범주라고 우기는 지성인이 여론을 이끌어 가는 자리를 그대로 지키고 있는 한, 우리 나라 농업의 미래가 밝다고 할 수는 없지 않을까?

장수비결

"회복할 수 없는 절대적인 패배는 죽음뿐"이라고 누군가가 이야기
했다.

그런데 우리는 걸핏하면 죽기를 자청한다.

"좋아 죽겠고, 미워 죽겠으며 싫어 죽고 또 고와도 죽고―"

애교가 섞여 있다손 치더라도 하찮은 일에 목숨을 버리는 표현을
너무 남용하고 있지는 않은지?

죽음을 얼마나 가볍고 우습게 여겼던지 속언 중에는 "양잿물도 공
짜라면 큰 것을 먹는다"라든가 "먹고 죽은 귀신은 혈색이 좋다"라는
말이 있다. 자유와 평화를 사랑하는 백의민족에게 이토록 겁도 없고
무딘 신경이 들어 있을 줄이야.

그러나 따지고 보면 이와 같이 우직스런 표현이 생겨나게 된 데는
그만한 연유가 분명 있게 마련이다. 보릿고개란 무서운 고개가 있었
던 시절에는 배불리 먹는 것이 소원이었다. 우리의 이와 같은 가난이
"먹고―죽고"와 같은 유행어를 풍미하도록 만들었으리라고 짐작된다.

한때 프랑스인들은 냄새로, 일본인은 색으로, 중국인은 맛으로 음
식을 먹지만 한국인은 양으로 먹는다는 우스개가 있었다. 그래서 그
랬던지 우리의 선배들은 품질은 고사하고 분량이나마 많았으면 하고
양에 치중하게 되었다. "뜻이 있는 곳에 길이 있다"며 우리는 신품종
벼를 육종(育種)해 냈고, 또한 토양 관리를 비롯한 재배방법의 개선으
로 드디어 주곡(主穀)을 자급자족하게 되었다.

이로써 절대적인 굶주림에서는 일단 해방되었다. 자가용을 사고
나니 기사를 두고 싶은 것처럼, 이젠 배가 부르니 기분을 찾으려고
했다. 양보다 질을 찾는 경향이 높아졌다. 한때는 통일벼라도 배불리

먹게 된 것을 축복하는 분위기였지만 곧 그것을 기피하고, 값은 비록 비쌀지라도 일반미를 구하려고 웃돈까지 얹어주며 비싸게 구입하는 주부의 숫자가 늘어나더니, 나 혼자만 오래 살아 보자고 오염되지 않은 농산물을 계약 재배하여 먹는 부유층이 적지 않게 생겨났다.

나 혼자만이 불사조의 나래에 얹혀 이 세상 끝까지 살아 보겠다는 사장님들! 그들이 경영하는 공장에서 내뿜는 공해물질들은 굴뚝과 배수구를 통해 사면 팔방으로 확산하고 이동하여 넓게 넓게 퍼져 나간다. 그리하여 결국에 전 국토를 오염시키고 나아가 온 지구촌을 더럽히고 있다.

이러한 오염물질들은 어디까지 어떤 경로로 이동하든지 최종적으로는 토양에 귀착하게 되어 있으므로 토양에 차곡차곡 축적된다. 대개는 오염물질이 그대로 쌓여 독성이 점차 약해지지만, 어떤 것은 토양에서 분해되어 원물질보다 오히려 독성이 강해지는 것도 적지 않다.

어쨌든 오염된 토양에서 자라나는 작물들은 오염물질을 많이 흡수한다. 이러한 농작물에 의해 오염물질이 인체로 들어오게 된다. 그러므로 오염되지 않은 식품을 얻을 수 있는 최선의 방법은 오염물질을 버리지 않는 길뿐이며, 이것이 오염을 줄이는 근본적인 해결책이기도 하다.

공해물질을 배출하는 공장이 눈앞에 보이지 않는 거리에 있다고 하여 절대 안전하리라 믿는 어리석은 자들이 아직도 있는지? 사람이 살지 않는 남극에서도 농약과 화학약품이 검출되고, 중국 대륙의 공장에서 내뿜는 연기가 우리 땅을 산성화시키며, 우리 나라에서 버린 라면 봉지가 일본의 해안에서 발견된다. 그런데도 산 넘어 있는 논에서는 무공해 쌀만이 생산된다고 할 수 있을까?

지금까지 약간은 애교 섞인 '죽겠다'라는 말이 언젠가는 공해 때문에 진짜 '죽겠다'는 절규가 될까 두렵다. 풍요의 시대가 눈앞에 어른거리는 시점이니, 이젠 '죽겠다'는 용어를 정화하여 오래도록 건강하게 살 수 있기를 희망하는 새로운 용어를 창조해야겠다.

부형분화재

'우루과이' 협정의 타결 시한이 임박한 때의 일이다. 모든 국민의 가슴에는 우리 나라의 농업은 이제 전멸하고 말 것만 같은 위기감으로 충만하여 걱정이 이만저만이 아니었다.

매스컴마다 쌀 수입 개방 문제를 다루는 열띤 논쟁을 다투어 내보냈다. 그러나 그 논쟁의 진정한 참뜻이 무엇인지 속시원히 알아차릴 수가 없었다. 쌀 시장이 대세에 밀려 개방된다는 뜻인지 아니면 절대로 쌀 시장만은 개방하지 않는다는 요지인지 확실히 분간할 수가 없었다.

몇 사람의 탤런트 기질을 가진 인사들이 오늘은 이 TV에 나왔다가, 내일은 저 TV에서 열을 올리고 있었으나, 애매모호한 말장난의 연속일 뿐 속절없이 시간만 자꾸 흘러가는 것 같아 안타깝기 한이 없었다.

이러한 상태가 조금만 더 오래 지속된다면 외국으로부터 쌀을 한 톨도 수입하지 않는다 하여도 가까운 장래에 우리 농업은 그대로 괴멸하고 말 것만 같았다.

'우루과이' 협정이 강대국들의 뜻대로 타결되어, 값싼 외국 농산물이 물밀듯이 마구 들어오게 된다면 그것은 물론 우리 농업에 치명타가 될 것이 분명하다. 혹시나 '우루과이' 협정에서 우리의 요구 사항이 관철되어 쌀 수입만은 저지된다 하여도 한 번 떨어져 버린 농민의 영농 의욕은 다시 살아나기 어려울 것이다.

농촌에서 이농 현상은 한층 가속화될 것이고, 이로 인하여 농촌의 공동화(空洞化)와 황폐화는 불을 보듯 분명하다. 이런 의미에서 우리 농촌은 정말 위험한 처지에 놓여 있다고 하겠다. 그렇다고 눈에 보이도록 희망이 사라져가는 농촌의 현실을 그대로 수수방관만 해야 할 것이지 가슴만 답답할 뿐이었다.

우리의 정부가 농업의 참된 위상을 파악하고 반드시 존속시켜 나가야 하겠다는 의지를 분명히 갖고 있다면, 어떠한 비상 수단을 써서라도 농업 후계자가 속속 뛰어들 수 있는 산업으로 육성 발전시켜 나가야 할 것이다.

그런데 매년 새로이 농촌으로 뛰어드는 인구는 여전히 감소하고 있는 실정이다. 그리고 농촌에는 미래를 약속하는 활기찬 갓난아기의 울음소리가 끊어진 지 오래 되었다고 한다. 이는 젊은이가 살지 않는 농촌이란 뜻이며, 내일을 기약할 수 없다는 뜻이기도 하다.

이러한 현실 속에서 그래도 농촌에 뿌리를 내려, 국민의 생명 산업을 한 번 일으켜 세워보겠다던 몇 안 되는 젊은이들마저도 이번 우루과이 협정의 후유증으로 농촌을 떠날 차비를 하고 있다고 한다.

이러다간 정말 농촌은 텅 비게 되고, 들판에는 곡식 대신 잡초만 무성하게 되어, 농업은 씨마저 말라 버리지나 않을는지 끝없는 걱정이 날밤을 새게 한다. 모두가 농사를 손 놓아 버린다면 멀지 않아 논농사, 밭농사가 '하회탈춤'이나 '날뫼 북춤'처럼 희귀하고 고유한 문화재화 하지나 않을런지?

내가 살아 있는 동안만이라도 농사짓는 행위가 무형문화재(無形文化財)로 등록되는 불상사가 일어난다든가 '벼농사 기능보유자'나 '상추 재배 명장'이란 용어가 생겨나지 않았으면 하는 마음으로 가슴이 답답해진다.

농민에게 웃음을

통계조사에 의하면 우리 나라 사람은 대부분이 자기 직업에 만족하지 못하고 있는 것으로 나타났다. 특히 농업과 관련된 직업일수록 그 정도가 심하다고 한다. 그런데도 내가 농과대학 교수로서 가장 자랑스럽게 여기고 있는 사실이 몇 가지 있다면 "진지 드셨습니까?"라는 인사말과 '보릿고개'라는 단어가 나의 시대에 사라지게 되었다는 것이다.

가난은 나랏님도 어찔 수 없다고 하지만 배고픔은 징말 견디기 어려운 고통이다. 배고픔의 한을 달래며 꿈 속에서나마 배불리 먹어 보는 것이 소망이었던 지난 날이 있었기에 '더 크고 더 많은' 수확을 얻으려고 농업인들은 있는 힘을 다하여 온갖 노력을 아끼지 않았다. 그 덕분에 이제 겨우 주곡인 쌀만은 자급자족할 수 있는 형편이 되었다.

이처럼 주곡 자립을 달성한 것이 든든한 밑거름이 되어 우리의 공업화는 순탄히 진행되었고, 그런 연유로 한때는 세계가 부러워하는 '아시아의 용'으로까지 부상하기도 했지 않은가?

그럼에도 불구하고 우리는 그렇게 멀지도 않은 과거를 깡그리 잊어버린 양, 농업인의 노고를 너무도 쉽게 저버리고 외국산 농산물을 부끄럼 없이 받아들여 겁 없이 먹어대고 있지 않은가? 그뿐인가? 공업화만이 구국의 길인 것처럼 외쳐대며, 농업을 마치 신혼생활에 귀찮은 걸림돌이 되는 노부모 취급을 하고 있지 않은가?

'우루과이' 협정으로 농심(農心)은 끝간 데를 모를 만큼 위축되고 말았다.

농업인의 피땀어린 노력으로 십수년간 풍년을 구가하게 되자, 우리는 그 동안 농사란 짓기만 하면 무조건 풍년이 되는 것으로 착각하고 있었다. 바로 이러한 무분별한 우리의 사고를 질책이나 하듯이 그 해 여름에는 수십년 만의 이상 저온이라는 현상이 나타났다.

열대지방이 원산지인 벼는 추위 앞에서는 맥도 못추고 오그라들면서 제대로 자라지도 못했다. 그로 인해 벼 알맹이는 생겨나지도 못한 채 껍질뿐인 쭉정이거나 옳게 영글지 못하여 쌀알이 작아지고 말았다. 다른 농작물이라고 예외는 아니었다. 벼와 마찬가지로 제대로 자라지도 못하여 수량과 품질이 말이 아니게 떨어졌다.

황금 들녘에서 풍년가를 부르면서 잘 익은 곡식을 추수해야 할 이 계절이건만, 가을걷이의 흥겨운 웃음 대신에 한숨이 끊이지 않는 농민들의 맥 빠진 얼굴이 우리 곁에 있다.

공업 중진국으로 발돋움하는 데 디딤돌이 되었던 농민들에게 작은 웃음이나마 찾아주기 위해 우리 모두가 나설 때이다. 그리하여 그분들의 노고에 조금이라도 갚음이 되는 걸맞는 보상이 반드시 이루어지도록 모든 조치를 아끼지 말아야 하겠다.

우리 국민이라면 도농(都農)을 불문하고 누구나 두 집 건너 한 집은 분명 농민을 가족으로 갖고 있다. 그런데 가족에 우환이 있으면 집안 분위기가 우울하고 어두울 수밖에 없다. 우리가 행복하기 위해서는 우리의 뿌리인 고향땅을 지키면서 아름답게 가꾸고 있는 형제 자매의 얼굴에 코스모스 같은 가냘픈 웃음꽃이나마 피어나도록 우리 모두 힘을 모아야 하겠다.

그러기 위해서는 무엇보다 먼저 우리 땅에서 자란 농산물로 장바구니를 채우겠다는 조그마한 사랑을 실천하는 것이다. 그렇게 된다면 쭉정이뿐이던 황야도 어느새 알찬 황금의 들판으로 탈바꿈하고 격양가 소리가 드높아질 것이다.

최 정 (崔 炡)

1939년 경북생
경북대학교 농과대학 농화학과 (농학사)
경북대학교 대학원 농화학과 (농학석사)
일본 큐슈 대학 대학원 농화학과 (농학박사)
경북대학교 농과대학 교수
경북대학교 농과대학 학장 역임
경북대학교 농산물품질·안정성평가연구소 소장
대구지방환경지청 지역환경보전협의회 토양분과위원장
한국농화학회 부회장
한국환경농학회 이사
논저 : 『중금속 오염 농경지의 오염제거 방안에 관한 연구』,
『토양학 실험』, 『환경과학』 외 다수

흙이 죽어가고 있다

최 정 지음

초판 1쇄 발행 · 1999년 6월 29일
초판 2쇄 발행 · 1999년 10월 25일

발행처 · 도서출판 혜안
발행인 · 오일주
등록번호 · 제22 - 471호
등록일자 · 1993년 7월 30일
121 - 210 서울 마포구 서교동 326 - 26
전화 · 02) 3141 - 3711, 3712
팩시밀리 · 02) 3141 - 3710

값 9,000원

ISBN 89-85905-78-3 03530